LA SCIENCE ÉLÉMENTAIRE

LES AUXILIAIRES

OUVRAGES DU MÊME AUTEUR

ENSEIGNEMENT SECONDAIRE SPÉCIAL

PREMIÈRE ANNÉE

NOTIONS PRÉLIMINAIRES DE PHYSIQUE. Nouvelle édition. 1 vol. in-12, avec figures, cart. 3 50

NOTIONS PRÉLIMINAIRES DE CHIMIE, par M. MALAGUTI, recteur de l'Académie de Rennes, et M. H. FABRE. Nouvelle édition. 1 vol. in-12, avec figures, cart. 1 50

DEUXIÈME ANNÉE

PHYSIQUE. — Propriétés générales des corps, pesanteur, chaleur, électricité. 1 vol. in-12, avec figures, cart. . . . . 4 »

CHIMIE. — Les métalloïdes et les métaux alcalins, par MM. MALAGUTI et H. FABRE. 1 vol. in-12, avec figures, cart. 3 50

TROISIÈME ANNÉE

PHYSIQUE. — Complément des notions de chaleur et d'électricité, acoustique, lumière. 1 vol. in-12, avec figures, cart. . . . . 4 »

SELS, MÉTAUX. — NOTIONS DE CHIMIE ORGANIQUE, par MM. MALAGUTI et H. FABRE. 1 vol. in-12, avec figures, cart. . . . . 5 »

On vend séparément.

Première partie : **SELS ET MÉTAUX.** 1 vol. 3 50

Deuxième partie : **NOTIONS DE CHIMIE ORGANIQUE.** 1 vol. cart. 2 »

QUATRIÈME ANNÉE

PHYSIQUE. — Révision et développements des parties les plus importantes. 1 vol. in-12, avec figures, cart . . . . » »

CHIMIE APPLIQUÉE AUX INDUSTRIES LOCALES, par MM. MALAGUTI et FABRE. 1 vol. in-12, avec figures, cart. . . . . » »

DE LA MÊME COLLECTION

CHIMIE AGRICOLE, ouvrage autorisé par S. Exc. le ministre de l'Instruction publique et recommandé par Mgr l'Archevêque d'Avignon. Nouvelle édition. 1 vol. in-12, cart. 1 25

LA TERRE, ou Physique du globe. Nouvelle édition. 1 vol. in-18 jésus, avec figures intercalées dans le texte, cart. . . . . 2 »

LE CIEL, ou Notions élémentaires de Cosmographie. Nouvelle édition. 1 vol. in-18 jésus, avec figures, cart. . . . . 2 »

PHYSIQUE. Nouvelle édition. 1 vol. in-18 jésus, avec fig., cart. . 2 »

LES RAVAGEURS, récits de l'oncle Paul sur les *insectes nuisibles* à l'agriculture. 1 vol. in-18 jésus, avec figures, cart. 1 25

LES AUXILIAIRES, récits de l'oncle Paul sur les *animaux utiles* à l'agriculture. 1 vol. in-18 jésus, avec figures, cart. . . . . 2 »

LES SERVITEURS, récits de l'oncle Paul sur les *animaux domestiques*. 1 vol. in-18 jésus, avec figures, cart. . . . . 2 »

LA PLANTE, leçons à mon fils sur la *botanique*. 1 vol. in-12, cart. 2 »

LE LIVRE DES CHAMPS, entretiens sur les choses de l'*Agriculture*. In-12, cart. 1 50

NOUVELLE ARITHMÉTIQUE théorique et pratique. 1 vol in-12, cart. 1 50

LE LIVRE D'HISTOIRES, lectures courantes pour les enfants. 1 vol. in-12, avec figures, cart. 1 50

101-80. — Co-B IL. Typ. et stér. CRETÉ.

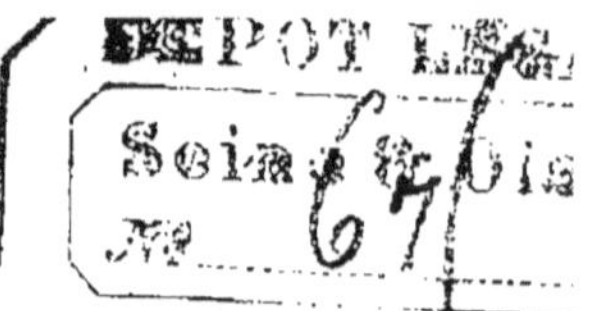

LA SCIENCE ÉLÉME

LECTURES ET LEÇONS POUR TOUTES LES ÉCOLES

PAR

J. HENRI FABRE

Ancien élève de l'École normale primaire de Vaucluse, Docteur ès-sciences,
Lauréat de l'Institut et de la Sorbonne,
Officier de l'Instruction publique, Chevalier de la Légion-d'Honneur.

LES AUXILIAIRES

RÉCITS DE L'ONCLE PAUL

SUR

LES ANIMAUX UTILES A L'AGRICULTURE

TROISIÈME ÉDITION

PARIS

LIBRAIRIE CH. DELAGRAVE

15, RUE SOUFFLOT, 15

—

1880

LES

AUXILIAIRES

I. — Objet de ces récits

Un soir du mois de mai, l'oncle Paul et ses neveux étaient assis sous le grand sureau du jardin. Louis se trouvait avec eux, Louis, assidu compagnon de Jules et d'Emile depuis l'histoire des *Ravageurs*. — Or, aux dernières clartés du jour, des vols criards de martinets tourbillonnaient au-dessus du village, tantôt se précipitant vers le clocher pour surveiller leurs nids dans les trous de muraille; tantôt s'élevant à des hauteurs où le regard les perdait. Quelques chauves-souris voletaient, d'un essor irrégulier, autour de la maison, avec un petit cri bref jeté par intervalles. Du sein des gazons en fleur s'élevait le monotone concert des grillons ; dans le carré de laitues résonnait le chant de la courtilière, semblable au bruissement continu d'un rouet ; un crapaud solitaire établi au frais sous une dalle, donnait de loin en loin sa note flûtée, tandis que les grenouilles remplissaient les fossés des prairies voisines de leurs rauques coassements. D'un saule creux à l'autre, les chouettes alternaient leur douce voix d'appel ; enfin, en des couplets enthousiastes, la fauvette donnait l'adieu du soir à la couveuse sommeillant déjà sur ses œufs.

PAUL. — En terminant l'histoire des *Ravageurs*, je vous ai promis celle des *Auxiliaires*. Le moment me paraît propice de tenir ma parole. Vous avez maintenant sous les yeux, vous entendez quelques-uns des précieux défenseurs de nos cultures.

J'appelle *Auxiliaires* les animaux qui, vivant en dehors de nos soins, nous viennent en aide par leur guerre aux larves, aux insectes et aux divers mangeurs qui finiraient par rester maîtres de nos récoltes, si d'autres que nous ne s'opposaient à leur excessive multiplication. Que peut l'homme contre leurs hordes faméliques se renouvelant chaque année dans des proportions à défier tout calcul ; aura-t-il la patience, l'adresse, le coup-d'œil nécessaires pour faire une guerre efficace aux moindres espèces surtout, fréquemment les plus redoutables, lorsque le hanneton, malgré sa taille, brave tous nos efforts ; se chargera-t-il d'examiner ses champs motte par motte, ses blés épi par épi, ses arbres fruitiers feuille par feuille? A ce prodigieux travail, le genre humain ne suffirait pas, concertant ses forces pour cette unique occupation. La dévorante engeance nous affamerait, mes enfants, si d'autres ne travaillaient pour nous, d'autres doués d'une patience que rien ne lasse, d'une adresse qui déjoue toutes les ruses, d'une vigilance à qui rien n'échappe. Guetter l'ennemi, le rechercher dans ses réduits les plus cachés, le poursuivre sans relâche, l'exterminer, c'est leur unique souci, leur incessante affaire. Ils sont acharnés, impitoyables ; la faim les y pousse, pour eux et leur famille. Ils vivent de ceux qui vivent à nos dépens, ils sont les ennemis de nos ennemis.

A ce grand œuvre travaillent les martinets qui tourbillonnent en ce moment au-dessus de nos têtes, les chauves-souris qui voltigent autour de la maison, les chouettes qui s'appellent dans les saules creux de la prairie, les fauvettes qui gazouillent dans le bosquet, les grenouilles qui coassent dans les fossés ; bien d'autres y travaillent, le crapaud lui-même, objet d'horreur pour la plupart. Béni soit Dieu qui, pour la défense de notre pain quotidien, nous a donné la chouette et le crapaud, la chauve-souris et la couleuvre, le lézard et le hibou.

Tous ces maudits, ces calomniés, sottement poursuivis de nos répugnances et de nos haines, en réalité nous viennent vaillamment en aide et doivent être réhabilités en notre estime. Je ne manquerai pas à ce devoir à mesure que l'histoire de chacun viendra. Béni soit Dieu qui, pour nous protéger contre le grand mangeur, l'insecte, nous a donné l'hirondelle et la fauvette, le rouge-gorge et le rossignol. Ceux-là, joie du regard et de l'ouïe, gracieuses créatures parmi les plus gracieuses, aurai-je encore à les défendre ? Hélas ! oui ; leurs nids sont ravagés par le barbare dénicheur.

Je me propose aujourd'hui, mes enfants, de vous faire connaître ces divers auxiliaires de l'homme en ses travaux des champs ; je vous raconterai leurs manières de vivre, leurs mœurs, leurs aptitudes ; je vous dirai les services qu'ils nous rendent. Mon but est atteint si je parviens à vous inspirer un peu de l'intérêt qu'ils méritent. Je commencerai par ceux dont la bouche est armée de dents ; mais d'abord donnons un coup d'œil général à la structure, à la forme des dents elles-mêmes, car de cette forme dépend le genre d'alimentation.

II. — Les dents

Paul. — N'est-il pas vrai qu'il faut pour chaque genre de travail un outillage fait exprès ? Il faut au laboureur la charrue, au forgeron l'enclume, au maçon la truelle, au tisserand la navette, au menuisier le rabot ; et ces divers outils, tous excellents pour le travail qui les concerne, ne vaudraient rien pour un autre travail. Avec la navette, le maçon crépirait-il son mur ; avec la truelle, le tisserand ourdirait-il sa toile ? Evidemment non. N'est-il pas vrai que d'après l'outillage, on peut aisément reconnaître le genre de travail ?

Jules. — Rien ne me paraît plus facile. Si je vois appendus au mur des rabots et des scies, je reconnaîtrai que je suis dans l'atelier d'un menuisier.

ÉMILE. — L'enclume, le marteau, les tenailles m'indiqueront un forgeron; le baquet pour le mortier, la truelle, le niveau m'annonceront un maçon.

PAUL. — Eh bien, chaque créature a son rôle spécial à remplir dans le grand atelier de la création, où tout s'agite, tout travaille suivant les desseins de la sagesse providentielle ; chaque espèce a sa mission, volontiers je dirais qu'elle a son métier à faire, métier exigeant un outillage particulier comme tout genre de travail de l'industrie humaine. Or, parmi les innombrables métiers des animaux, il en est un commun à tous sans exception, métier fondamental auquel sont subordonnés tous les autres, car sans lui la vie serait impossible : c'est le métier de manger.

Mais le genre de nourriture n'est pas le même pour tous les animaux. Il faut aux uns la proie, la chair crue, aux autres le fourrage ; à ceux-ci des racines, à ceux-là des graines, des fruits. Dans tous les cas, les dents sont les outils mis en œuvre pour le travail du manger ; elles doivent donc avoir une forme appropriée au genre de nourriture, plus coriace ou plus tendre, plus difficile ou plus facile à mâcher. Aussi, de même que d'après l'outil on juge du genre de travail d'un artisan, d'après la conformation des dents on peut en général dire le genre de nourriture d'un animal.

On appelle *herbivores* les animaux qui se nourrissent d'herbe, de fourrage, de foin ; et *carnivores* ceux qui se nourrissent de chair. Le cheval, l'âne, le bœuf, le mouton sont des herbivores ; le chien, le chat, le loup sont des carnivores. La nourriture de l'herbivore est chose tenace, dure, filamenteuse, que l'animal doit longtemps broyer pour la diviser convenablement et la réduire en une bouchée pâteuse, apte à être avalée et plus tard digérée sans obstacle. Dans ce cas, les dents opposées des deux mâchoires doivent se présenter l'une à l'autre des surfaces larges et à peu près plates, qui triturent la nourriture à la manière des meules d'un moulin. Au contraire la chair, dont se nourrit le carnivore, est matière molle, qu'il est facile d'avaler et de digérer. Il suffit à l'animal de la déchirer, de la couper par lambeaux. Les dents du carnivore doivent donc se présenter l'une à l'autre des arêtes tranchantes qui manœuvrent à la façon des lames de ciseaux.

J'en ai, je crois, assez dit ; maintenant qui de vous trois me dira à quel genre de nourriture se rapportent les dents que je vous montre ?

Et l'oncle Paul mit sous les yeux de son auditoire les deux dents ci-figurées (*fig.* 1 *et* 2).

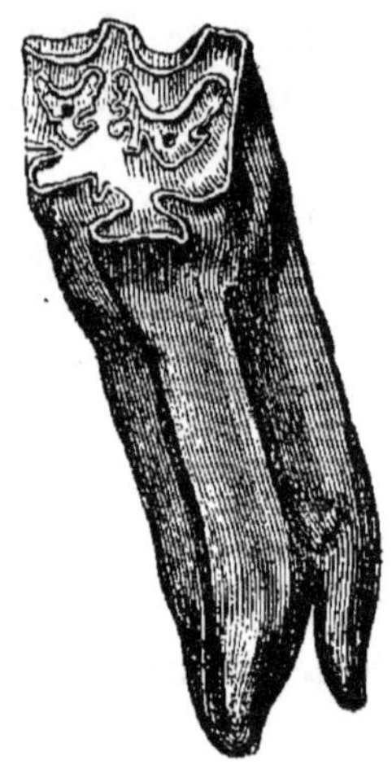

Fig. 1. — Dent de Cheval. Fig. 2. — Dent de Loup.

Emile. — La première dent est aplatie et très-large en dessus ; elle doit écraser et broyer en frottant contre la dent pareille et opposée de l'autre mâchoire. C'est alors la dent d'un animal qui se nourrit de fourrage.

Paul. — C'est, en effet, la dent d'un herbivore, d'un cheval.

Emile. — La seconde est faite de plusieurs larges pointes dont les bords sont presque aussi tranchants que la lame d'un couteau. Elle doit être destinée à découper de la chair.

Paul. — Je le crois bien, c'est la dent d'un loup. Emile

a parfaitement compris la distinction fondamentale entre les dents propres à manger du fourrage et les dents propres à manger de la chair.

JULES. — Ces replis sinueux qu'on voit sur la dent du cheval, à quoi servent-ils? On ne voit rien de pareil sur la dent du loup.

PAUL. — J'allais vous en parler. — Si les dents du cheval étaient parfaitement unies en dessus, sans aucune rugosité faisant office de râpe, n'est-il pas vrai qu'en appuyant et frottant l'une contre l'autre, elles pourraient bien écraser le foin comme vous le feriez entre deux pierres lisses, mais sans parvenir à le réduire en menus débris. Les meules d'un moulin, si elles étaient polies comme des tables de marbre, aplatiraient le grain sans en faire de la farine; elles doivent présenter de nombreuses inégalités semblables aux dents d'une râpe, aux arêtes d'une lime, inégalités qui saisissent entre elles le blé pendant la rotation de la meule supérieure sur la meule inférieure immobile, et le déchirent violemment. Lorsque, par un travail longtemps continué, ces inégalités sont effacées, les meules ne peuvent plus servir, et il faut les repiquer au marteau. Eh bien, les replis sinueux des dents du cheval sont comparables aux inégalités des meules de moulin; ils s'élèvent un peu au-dessus de la surface de la dent, ils font légèrement saillie, de manière à constituer une sorte de grossière lime qui fractionne les brins de fourrage quand frotte la dent opposée.

JULES. — Il me semble entrevoir un péril pour l'animal herbivore. Ces replis saillants doivent bientôt s'effacer en frottant l'un contre l'autre, comme s'effacent les inégalités rugueuses des meules de moulin. Si les meules alors ne font plus de farine à moins d'être repiquées, les dents usées de l'herbivore ne doivent pas davantage pouvoir triturer.

PAUL. — C'est prévu, mon petit ami, admirablement prévu. Chaque chose en ce monde est disposée avec un art étonnant pour atteindre le but proposé ; une Science à qui rien n'échappe préside au moindre détail ; tout, jusqu'à la mâchoire d'un âne, nous l'affirme hautement. Ecoutez et jugez vous-mêmes.

On reconnaît dans la composition d'une dent deux substances différentes, l'une très-dure, ayant quelque chose de la nature du verre et nommée *émail* ; l'autre plus facile à user, mais très-résistante aux efforts qui tendent à la casser, c'est *l'ivoire*. Ces deux substances sont associées de manières différentes suivant le régime de l'animal. Pour le cheval, le mouton, le bœuf, l'âne et beaucoup d'autres herbivores, la matière moins dure, l'ivoire, constitue la masse principale de la dent, tandis que la matière plus dure, l'émail, plonge en lames sinueuses dans l'épaisseur de la première et fait un peu saillie au dehors sous forme de replis qui varient de configuration d'une espèce animale à l'autre. C'est donc l'émail, matière aussi dure que le caillou, qui compose les replis sinueux des dents de l'herbivore. Par l'effet du frottement d'une mâchoire contre l'autre, l'ivoire s'use plus vite que l'émail, de sorte que les lames de celui-ci, engagées dans toute l'épaisseur de la dent, sont peu à peu mises à découvert et remettent en l'état primitif les replis usés de la surface. Vous le voyez : dans le moulin à manger de l'âne, la meule se repique d'elle-même à mesure qu'il en est besoin ; la machine se répare tout en travaillant.

Jules. — Ce que vous nous dites là est admirable, mon oncle ; je n'aurais jamais soupçonné une telle structure nécessaire pour brouter un chardon.

Louis. — Et moi qui, l'autre jour, ai dédaigneusement repoussé du pied une mâchoire qui s'est trouvée sur mon chemin. Comme je l'aurais volontiers regardée de près si j'avais su ces choses.

Paul. — L'ignorance est toujours ainsi, mon enfant ; elle repousse, elle dédaigne toute chose ; la science s'intéresse à tout, certaine d'y trouver un enseignement.

Mais revenons à la mâchoire du carnivore, du loup. Ici sont inutiles les rugosités de la râpe, les arêtes de la lime, les inégalités de la meule, puisque l'aliment doit être découpé en lambeaux et non broyé en pâte. A cet effet, il faut des lames tranchantes, des ciseaux dont la condition première soit d'être bien aiguisés et d'avoir une dureté qui les empêche de s'émousser. La surface des dents n'est donc plus aplatie en manière de meule, mais façonnée en larges crêtes coupantes. De plus, pour assurer l'efficacité de ces espèces de couteaux, la substance plus tendre mais aussi plus résistante aux efforts qui pourraient la casser, l'ivoire enfin, constitue la masse centrale de la dent ; tandis que l'émail, plus dur mais aussi plus fragile, forme à l'extérieur un enduit continu et compose à lui seul les bords tranchants. Pareillement un coutelier habile, s'il veut fabriquer un instrument qui coupe bien, tout en étant capable de résister à de violents efforts, compose la masse centrale de l'outil avec du fer, substance tenace, qui supporte bien le choc mais n'est pas assez dure pour tailler, et met par dessus pour constituer le tranchant, le fin acier, qui joint une dureté excessive à la fragilité du verre. Ce que l'industrie humaine a trouvé de mieux pour l'art de taillandier se retrouve, avec une haute perfection, dans les dents d'un carnivore.

Jules. — Si j'ai bien compris, l'ivoire plus tendre et plus difficile à casser forme l'intérieur de la dent du carnivore, l'émail plus dur et fragile en forme l'extérieur ; l'ivoire donne à la dent la puissance de résister aux efforts, l'émail lui donne la propriété de couper.

Paul. — C'est cela même.

Jules. — Maintenant je ne sais à laquelle des deux, la mâchoire de l'âne et la mâchoire du loup, j'accorderais mon admiration de préférence.

Paul. — Toutes les deux la méritent puisqu'elles sont l'une et l'autre merveilleusement appropriées au genre de travail qu'elles doivent faire.

Emile. — Ce qui m'étonne le plus, c'est qu'une foule

de choses auxquelles nous n'aurions jamais fait attention, finissent par nous intéresser quand l'oncle nous les explique. Je ne me serais jamais avisé que j'écouterais un jour avec plaisir l'histoire d'une dent.

PAUL. — Puisque cela vous intéresse, je vais continuer encore un peu. Je vous parlerai des dents de l'homme, des vôtres, mon petit ami, si blanches, si bien rangées et qui mordent si bien dans la tartine de beurre.

III. — Formes diverses des dents

PAUL. — Les dents de l'homme sont au nombre de trente-deux, seize pour chaque mâchoire.

Emile avait déjà le doigt dans la bouche, le portant d'une dent à l'autre pour les compter. L'oncle s'interrompit et le laissa faire.

EMILE. — Mais je n'en ai que vingt, tout bien compté ; vingt et non pas trente-deux.

PAUL. — Les douze qui manquent vous viendront un jour, mon ami ; pour le moment vous avez le nombre de dents des enfants de votre âge. Toutes, en effet, ne nous viennent pas à la fois, mais les unes après les autres, Nous commençons par en avoir vingt, pas plus. On les nomme *dents de lait* ou de *première dentition*. Vers l'âge de sept ans, elles commencent à tomber et sont remplacées par d'autres plus fortes et plus solidement implantées. Il pousse en outre douze dents nouvelles, ce qui porte à trente-deux le nombre total. Les plus reculées, tout au fond de la bouche, viennent assez tard, à dix-huit, vingt ans et plus ; aussi les nomme-t-on *dents de sagesse* pour signifier qu'elles apparaissent à un âge où la raison est formée. Ces trente-deux dents finales constituent la *seconde dentition*. Je les qualifie de finales parce qu'elles ne sont jamais remplacées par d'autres ; si nous venons à les perdre, c'est fini, il n'en vient plus.

EMILE. — J'en ai maintenant deux qui remuent.

Paul. — Il faudra bientôt les arracher pour laisser la place libre aux deux nouvelles qui doivent les remplacer. Les autres tomberont de même, et les vingt dents que vous avez aujourd'hui feront place à vingt autres, qui seront complétées tôt ou tard par douze dents ne venant qu'une fois ; ces dernières occupent la partie la plus reculée des mâchoires, trois de chaque côté, en haut et en bas. Le nombre final sera ainsi de trente-deux.

Ces trente-deux dents se divisent en trois classes d'après leur forme et leurs fonctions. Les mêmes choses se répétant en haut et en bas, à droite et à gauche, je mets seulement sous vos yeux les huit dents de la moitié d'une mâchoire (*fig.* 3). Dans toute dent, deux parties

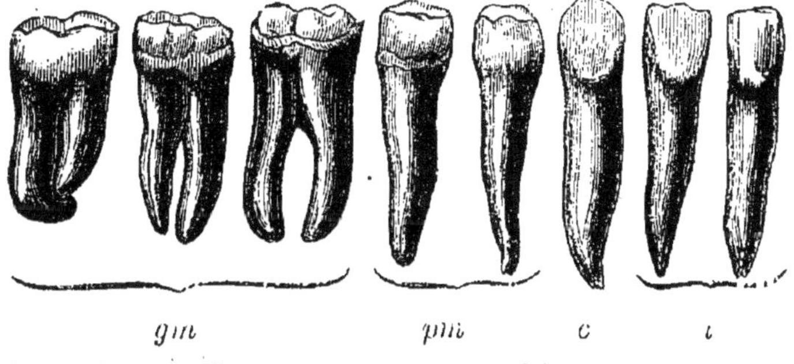

Fig. 3. — Dents de l'homme : *gm*, grosses molaires ; *pm*, petites molaires ; *c*, canine ; *i*, incisives.

sont à distinguer : la *couronne* et la *racine*. La racine est la partie de la dent qui s'enfonce dans l'os de la mâchoire à la manière d'un clou implanté dans le bois ; la couronne est la partie qui fait saillie en dehors, on peut la comparer à la tête du clou. La racine maintient la dent en place, elle la fixe solidement ; la couronne coupe, déchire, broie la nourriture.

Les deux dents de devant de chaque demi mâchoire ont la couronne obliquement amincie de la base au sommet. Leur bord est droit et tranchant, propre à couper la nourriture, à la diviser par petites bouchées. Aussi nomme-t-on ces dents *incisives* du mot latin *incisere* signifiant couper. Leur racine est un pivot simple. La dent suivante se nomme *canine*. Sa racine est un peu plus longue que celle des précédentes et sa couronne est légèrement pointue. Le chien, le chat, le loup et en général les animaux carnivores ont cette dent façonnée en un croc puissant qui leur sert à retenir, happer la proie, mais remplit avant tout le rôle d'arme de combat pour l'attaque et pour la défense. Ce sont les canines que vous voyez se croiser, longues et pointues, deux de chaque côté, lorsque vous soulevez les lèvres du chat ou du chien. En souvenir des crocs si remarquables des carnivores, spécialement du chien, en latin *canis*, on a donné le nom de *canines* aux dents qui leur sont analogues chez l'homme, sinon par leur forme et leurs fonctions, du moins par la place qu'elles occupent.

Les cinq dents suivantes sont les plus utiles de toutes. On les nomme *molaires* (1), parce qu'elles font office de meules pour broyer les aliments. A cet effet leur couronne est large; en outre, elle est légèrement irrégulière et non aplatie comme celle des molaires du cheval, ou disposée en lames tranchantes comme celle des molaires du loup, parce que la nourriture de l'homme ne se compose exclusivement ni de végétaux, ni de chair, mais des deux à la fois. Pour un genre d'alimentation aussi varié que celui de l'homme, il faut des molaires aptes à tous les usages ; elles doivent broyer comme celles des herbivores, elles doivent découper comme celles des carnivores, par leur structure enfin, elles doivent être un moyen terme. Et en effet, par leur couronne large, elles conviennent à la nourriture végétale ; par leurs inégalités un peu tranchantes, elles conviennent à la nourriture animale.

Les deux premières se nomment *petites molaires*. Elles sont les plus faibles des cinq et n'ont qu'une racine. Les deux petites molaires, la racine et les deux incisives sont les seules qui se renouvellent. Répétez-les quatre fois, et vous aurez les vingt dents de la première dentition, dents

(1) *Mola* signifie meule de moulin.

qui commencent à tomber vers l'âge de sept ans et sont peu à peu remplacées par d'autres. Là se bornent pour le moment les dents d'Emile, qui n'en compte que vingt.

Les trois autres ne poussent qu'une fois. On les nomme *grosses molaires.* La dernière, à gauche de la figure, est la *dent de sagesse.* Comme les grosses molaires ont à supporter, lorsqu'on mange, une pression très-forte, leur racine se compose de plusieurs pivots qui plongent chacun dans une cavité spéciale. Cette disposition a évidemment pour but de multiplier les points d'appui pour consolider les molaires et les empêcher soit de s'ébranler, soit de s'enfoncer par leur mutuelle pression dans l'épaisseur de la mâchoire.

Je me résume. L'homme adulte possède en tout 32 dents, 16 pour chaque mâchoire, savoir : 4 incisives, 2 canines et 10 molaires. Ces dernières se subdivisent en petites molaires au nombre de 4, et en grosses molaires au nombre de 6; la première dentition ne comprend pas ces six dernières.

Jules. — L'ivoire et l'émail, ces deux substances de dureté différente, dont vous nous avez dit le remarquable arrangement dans les dents du cheval et du loup, se retrouvent-elles dans les dents de l'homme?

Paul. — Elles s'y retrouvent. L'ivoire constitue en entier la racine, dont le rôle est de servir d'inébranlable appui; il forme enfin l'intérieur de la couronne, tandis que l'émail revêt l'extérieur d'une couche protectrice plus dure.

Emile. — Je vais chercher le chat pour regarder ses dents. En a-t-il vingt comme moi, en a-t-il trente-deux?

Paul. — Ni vingt, ni trente-deux, mais bien trente lorsque l'animal a pris tout son développement. Le chien et le loup en ont 42, le cheval et l'âne 44; enfin le nombre varie tout autant que la forme d'une espèce animale à l'autre. Quelques mots sur ce sujet ne seront peut-être pas de trop.

Voici d'abord la gueule d'un loup (*fig.* 4). Si l'on ne

le savait déjà, à la seule inspection des dents on devinerait sans peine le régime de la bête. Il faut une proie saignante aux robustes dentelures de ces molaires, aux crocs puissants de ces canines. Evidemment le râtelier trahit

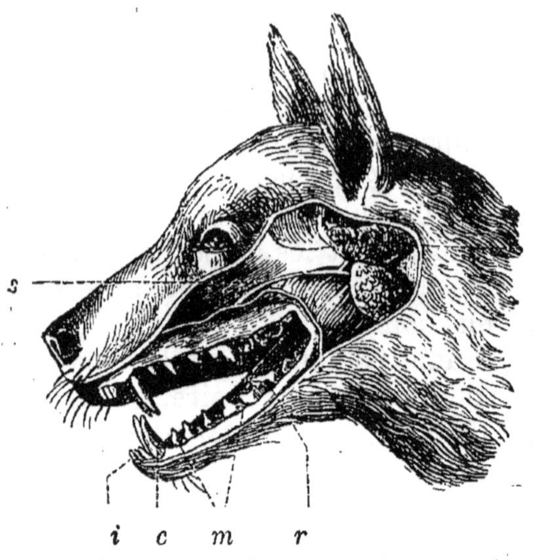

Fig. 4. — Dents du Loup : *i*, incisives ; *c*, canine ; *m*, petites molaires ; *r*, carnassière ; *s*, conduit de la salive.

ici des appétits carnivores. En *i* sont les incisives, au nombre de 6. Elles sont petites et de peu d'usage, car l'animal ne découpe pas sa proie en menues bouchées, mais l'avale gloutonnement par gros lambeaux. En *c* sont les canines, vrais poignards que le bandit enfonce dans le cou du mouton. Les petites molaires sont en *m*. Les grosses molaires viennent après. La première *r* est la plus forte et prend le nom significatif de *carnassière*. C'est avec leurs carnassières que le loup et le chien font craquer les os les plus durs. Enfin la figure montre les *glandes salivaires*, c'est-à-dire les organes qui préparent la salive et la laissent suinter dans la bouche par le canal *s* à mesure que l'animal mange. Sans m'arrêter sur ce point qui m'écarterait trop de mon sujet, je peux vous dire toutefois que la salive sert à imbiber les aliments pour en faire une bouchée molle qui s'avale aisément; elle concourt de plus dans l'estomac à réduire la matière alimentaire en une bouillie fluide, c'est-à-dire à la digérer.

Passons au chat (*fig.* 5). Il est par excellence un autre mangeur de chair. Six petites incisives forment sur le devant de la mâchoire comme une rangée d'élégantes mais inutiles perles. C'est un ornement pour la bête plutôt qu'un outil. Au chasseur de souris il faut des canines bien pointues, bien longues, qui transpercent la proie saisie par les griffes. Sous ce rapport le chat est armé d'une façon redoutable. Louis, qu'en pensez-vous ?

Fig. 5. — Dents du Chat.

LOUIS. — Je pense que le rat ne doit pas être à l'aise entre les crocs que nous montre l'image.

EMILE. — Un jour que je lui tirais la moustache, le chat me donna un coup de dent qui produisit l'effet d'une forte piqûre d'aiguille. Ce fut si vite fait que je n'eus pas le temps de retirer la main.

PAUL. — Le chat avait fait jouer ses canines, il vous avait blessé avec l'une d'elles aussi prestement qu'avec une fine pointe d'acier.

Regardez maintenant les molaires. Il y en a quatre en haut, dont la dernière très-petite, et trois en bas. Leurs dentelures sont encore plus acérées, plus tranchantes que celles des molaires du loup ; aussi les appétits du chat et de ses congénères, le tigre, la panthère, le jaguar et autres, sont-ils plus sanguinaires que ceux du loup et des animaux qui s'en rapprochent, comme le renard, le chacal, le chien surtout. Avez-vous remarqué comme le chat est dédaigneux quand vous lui jetez pour pitance un simple morceau de pain. A peine il l'a flairé, qu'il fait un demi-tour de superbe mépris, la queue haute, le dos vouté, et vous regarde comme pour dire : Vous moquez-vous de moi, il me faut autre chose. Ou bien, si la faim le presse, il mord à regret sur le pain, le mâche gauchement et l'avale de travers. Le chien au contraire, le brave Azor en particulier, happe le pain avec satisfaction sans le laisser tomber à terre, et s'il trouve un tort au morceau, c'est d'être trop petit. Vous dites du chat qu'il est gourmand. Je prends sa défense et je dis que ce n'est pas vice de gourmandise; c'est nécessité fatale, amenée par la conformation des dents. Que voulez-vous que fassent d'un croûton ses canines pointues, ses molaires à dentelures tranchantes? Il leur faut, avant tout, une proie qui saigne, une chair pantelante.

Quelle différence entre le râtelier du sanguinaire chas-

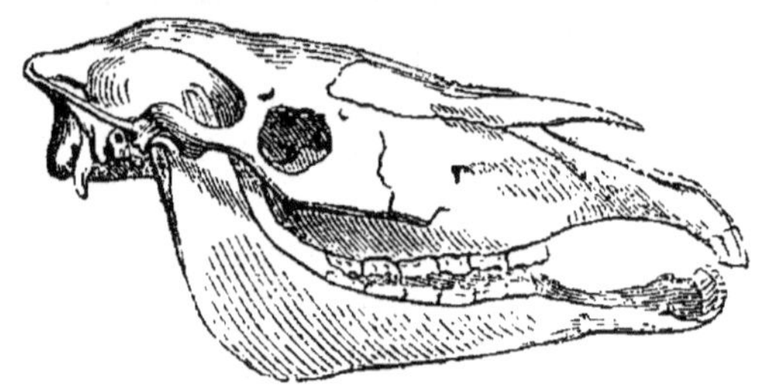

Fig. 6. — Dents du Cheval.

seur et celui du pacifique mâcheur d'herbes ! Examinons cette tête de cheval (*fig.* 6). Les incisives, au nombre de 6, sont maintenant puissantes; elles saisissent le fourrage et le taillent bouchée par bouchée. Les canines, inutiles, ne montrent au dehors qu'un faible tubercule. Par delà vient un large intervalle vide nommé *barre*; c'est là que repose le frein du cheval harnaché. Après la barre se montre la véritable machine à triturer, composée de 14 paires de robustes molaires, à couronne plate et carrée, armée en outre de sinuosités légèrement saillantes dont je vous ai fait remarquer déjà la haute utilité. Ou je me trompe fort, ou voilà bien un moulin capable de broyer la paille coriace et le foin filandreux.

Pour terminer, voici la tête d'un lapin (*fig.* 7). Chaque

mâchoire est armée de deux incisives énormes qui s'enfoncent profondément dans l'os, se recourbent en dehors et se terminent par une couronne tranchante. A quoi peuvent servir de pareilles incisives ?

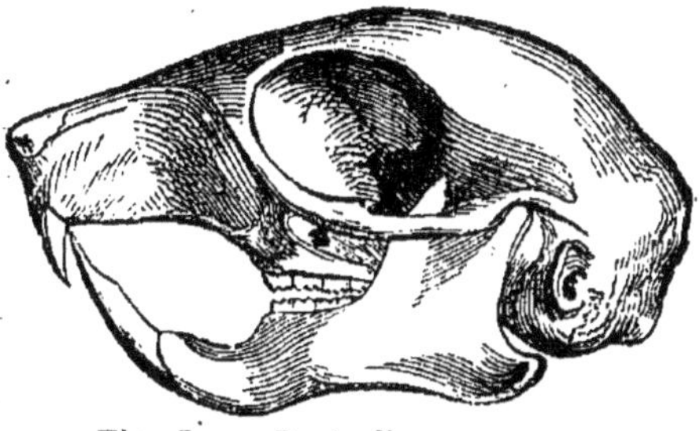

Fig. 7. — Dents d'un rongeur.

JULES. — Je vais vous le dire. Le lapin grignote toujours. A défaut de choses meilleures, il s'attaque à l'écorce, au bois même. Il emploie ses incisives pour couper très-menu sa maigre nourriture, pour la ronger.

PAUL. — Pour la ronger, c'est bien le mot; aussi donne-t-on le nom de *rongeurs* aux divers animaux qui possèdent de pareilles incisives. Tels sont l'écureuil, le lièvre, le lapin, le rat et la souris, espèces en général misérables, destinées à ronger continuellement les substances végétales les plus coriaces et faire ventre du bois, du papier, des chiffons quand il n'y a rien de meilleur à mettre sous le moulin qui doit toujours aller. Ce n'est pas d'ailleurs uniquement pour satisfaire la faim que ces animaux rongent presque sans repos, une autre nécessité les y porte. Leurs insicives croissent pendant toute la vie et tendent à s'allonger indéfiniment; il faut donc que l'animal les use par une friction continuelle, sinon leurs couronnes s'éloigneraient l'une de l'autre et ne pourraient plus, tôt ou tard, se rejoindre. Incapable dès lors de saisir sa nourriture, la pauvre bête périrait. Pour pouvoir manger lorsqu'ils ont faim, le rat et le lapin doivent manger alors même qu'ils n'ont pas faim, dans le but de s'aiguiser les incisives et de les maintenir à la longueur voulue. Il est vrai qu'ils s'adressent alors à des matières peu substantielles. Un brin de bois, un fétu de paille, un rien suffit pour entretenir le jeu de leurs infatigables incisives. Rappelez-vous, mes amis, le terme expressif de rongeurs, par lequel on désigne toute une catégorie d'animaux analogues au lapin et au rat ; rappelez-vous leurs curieuses incisives, nous aurons occasion d'y revenir plus tard. Achevons, pour le moment, l'examen du râtelier du lapin.

Les canines manquent ; à leur place, les mâchoires présentent une *barre*, c'est-à-dire un large intervalle vide. Tout au fond de la bouche sont les molaires, peu nombreuses, mais fortes, à couronne plate et armées de quelques replis d'émail. En somme, elles constituent une excellente machine à triturer.

En vous donnant ces quelques détails sur la forme des dents, si variable d'une espèce à l'autre, j'avais surtout en vue d'établir la vérité suivante. Chaque espèce est adonnée à un genre particulier de nourriture pour lequel les dents sont expressément conformées ; on pourrait dire de la bête · Montre-moi ton râtelier et je dirai ce que tu manges. Bien des fois, l'observation nous faisant défaut, nous ignorons de quoi se nourrit tel ou tel autre animal, et, dans nos jugements précipités, nous confondons l'ennemi avec l'ami, le ravageur avec l'auxiliaire. Si la bête est disgracieuse, sans plus ample examen nous l'accablons de notre haine, nous l'accusons d'une foule de méfaits, nous lui déclarons une guerre implacable, ne nous doutant pas, dans notre sottise, que c'est une guerre à nos dépens. Un moyen bien simple cependant nous permettrait d'éviter ces regrettables confusions. N'accordons pas créance à des préjugés, si répandus qu'ils soient, et, avant de condamner un animal comme nuisible, consultons sa mâchoire. Elle nous apprendra le genre de vie de la bête. L'exemple suivant va vous en convaincre.

IV. — Les Chauves-Souris

PAUL. — Les chauves-souris, de quoi se nourrissent, elles, s'il vous plaît ; qui de vous trois pourra me le dire ?

A cette question de l'oncle, Emile parut se recueillir, fermant les yeux et se grattant le front ; mais aucune idée ne vint. Jules et Louis ne surent non plus que répondre.

PAUL. — Personne ne le sait, tant mieux ; vous aurez alors la satisfaction de le trouver vous-même d'après la forme des dents. Regardez attentivement cette image, qui représente plus grand que nature, le râtelier d'une chauve-souris (*fig.* 8). Les incisives, si petites, si faibles, qu'on voit à la mâchoire inférieure, sont-elles faites pour ronger des matières végétales à la manière de celles du rat et du lapin ; pourraient-elles couper ces aliments tenaces ?

Fig. 8.— Dents de la Chauve-Souris.

JULES. — Certes non ; elles sont trop faibles pour être bien utiles. Et puis ces deux crocs aigus annoncent, ce me semble, un animal carnassier.

PAUL. — Les canines longues et pointues l'annoncent en effet, mais les molaires l'affirment peut-être encore davantage. Avec leurs couronnes à dentelures fortes et tranchantes, s'emboîtant si bien dans les creux à bords aigus de la mâchoire opposée, ces molaires sont-elles destinées à triturer du grain, à broyer patiemment des matières filandreuses ?

JULES. — Non. C'est le râtelier d'un carnivore, et non le moulin à trituration d'un herbivore.

LOUIS. — J'en suis sûr maintenant, la chauve-souris se nourrit de proie.

EMILE. — C'est un chasseur avide de carnage. Le chat n'a pas des dents plus féroces d'aspect.

PAUL. — Tout cela est fort juste ; les dents vous ont très-bien appris le trait principal des mœurs de la bête. Oui, la chauve-souris est un chasseur, un mangeur de proie vivante, un petit ogre à qui toujours il faut de la chair fraîche. Reste à savoir le genre de gibier qui lui convient. Evidemment ce gibier doit être proportionné à la taille du chasseur. La tête d'une chauve-souris n'est guère plus grosse qu'une forte noisette. La gueule, il est vrai, est fendue d'une oreille à l'autre, et peut, quand elle baille en plein, engloutir des bouchées que ne feraient pas soupçonner les faibles dimensions de l'animal. N'importe, la chauve-souris ne doit s'attaquer qu'à de très-petites espèces. Que peut-elle poursuivre dans les airs lorsque, après le coucher du soleil, elle voltige, allant et venant sans cesse ?

JULES. — Les moucherons peut-être, les papillons du soir ?

PAUL. — Effectivement, voilà sa proie. La chauve-souris ne se nourrit que d'insectes. Tous lui sont bons : scarabées à dures élytres, maigres cousins, papillons grassouillets, les papillons crépusculaires surtout, phalènes, bombyx, teignes, pyrales et autres, enfin ces ravageurs de nos céréales, de nos vignes, de nos arbres fruitiers, de nos étoffes de laine, qui attirés par la clarté viennent le soir se brûler les ailes aux lampes des habitations. Qui pourrait dire le nombre des insectes que les chauves-souris détruisent quand elles font la ronde autour d'une maison ! Le gibier est si petit et la faim du chasseur est insatiable.

Observez ce qui se passe dans une calme soirée d'été. Attirés au dehors par la douce température des heures crépusculaires, une foule d'insectes quittent leur retraite et viennent, convives des fêtes de la vie, se jouer ensemble dans les airs, chercher leur nourriture, s'apparier. C'est l'heure où les sphinx volent brusquement d'une fleur à l'autre pour enfoncer leurs longues trompes au fond des corolles suant le miel ; l'heure où le cousin, avide du sang de l'homme, fait bruire son chant de guerre à nos oreilles et choisit sur nous le point le plus tendre pour y plonger sa lancette empoisonnée ; l'heure où le hanneton quitte l'abri de la feuillée, déploie ses ailes bourdonnantes, et vagabonde par les airs à la recherche de ses pareils. Les moucherons dansent en joyeuses bandes que le moindre souffle déplace ainsi qu'une colonne de fumée ; les phalènes et les teignes en habit de noces, les ailes poudrées de poussière d'argent, les antennes étalées en panaches, prennent leurs ébats ou recherchent des endroits favorables pour y déposer leurs œufs ; le scolyte sort de ses galeries sous l'écorce de l'orme, la calandre rompt sa cellule creusée dans un grain de froment, les alucites s'élèvent en nuées des tas de blé ravagés et s'envolent vers les champs mûrs de céréales ; les pyrales explorent, qui les pampres de la vigne, qui les poiriers, les pommiers, les cerisiers, toutes affairées d'assurer le vivre et le couvert à leur calamiteuse progéniture.

Mais au milieu de ces peuplades en liesse, voici tout-à-coup venir le trouble-fête. C'est la chauve-souris qui, d'un essor tortueux, va et revient infatigable, monte et descend, apparaît et disparaît, piquant une tête d'ici, piquant une tête de là et chaque fois happant au vol un insecte, aussitôt broyé, aussitôt englouti. La chasse est bonne. Moucherons, scarabées, papillons abondent ; de temps à autre un petit cri de joie annonce la prise d'une phalène dodue. Et tant que le permettent les lueurs mourantes du soir, l'ardent chasseur poursuit ainsi son œuvre d'extermination. Enfin repue, la chauve-souris regagne quelque sombre et tranquille retraite. Le lendemain et toute la belle saison, la même chasse recommence, toujours aussi ardente, toujours aux dépens des insectes seuls.

Pour vous donner une idée du nombre de ravageurs, de papillons crépusculaires surtout, dont les chauves-souris nous délivrent, je vous citerai le passage suivant emprunté au célèbre naturaliste français Buffon, celui de tous qui a su le plus éloquemment parler des animaux. Il faut vous dire que les chauves-souris ont l'habitude de se retirer en bandes nombreuses dans les vieilles tours, les grottes, les carrières abandonnées. C'est là qu'elles passent les heures du plein soleil, appendues immobiles à la voûte, pour en sortir à la tombée du jour. Le sol de ces retraites finit par se recouvrir d'une couche épaisse de déjections qui permet de juger du genre d'alimentation des chauves-souris et de l'importance de leurs chasses. Or voici ce que dit Buffon d'une grotte hantée par les chauves-souris.

« Etant un jour descendu dans les grottes d'Arci, je fus surpris d'y trouver une espèce de terre d'une singulière nature. C'était une couche de matière noirâtre, épaisse de plusieurs pieds, presqu'entièrement composée de portions d'ailes et de pattes de mouches et de papillons, comme si ces insectes se fussent rassemblés en nombre immense et réunis dans ce lieu pour y périr et pourrir ensemble. Ce n'était autre chose que de la fiente de chauves-souris amoncelée pendant des années. »

Jules. — Voilà un curieux terreau, uniquement composé de débris d'insectes.

Paul. — J'ajouterai que parfois ce terreau de mouches et de papillons est assez abondant au fond des vieilles carrières et des cavernes pour que l'agriculture le prenne en considération et l'utilise comme un engrais d'une puissante énergie. On le nomme *guano de chauves-souris.*

Louis. — Pour former de pareils entassements, c'est donc par millions et millions que les chauves-souris détruisent les insectes?

Paul. — Cinq à six douzaines de mouches ou de papillons suffisent à peine pour le repas du soir d'une chauve-souris; quelques hannetons se présenteraient-ils encore qu'ils seraient happés avec satisfaction. Si la bande des chasseurs est nombreuse, jugez des milliers de ravageurs détruits en une saison. Après les oiseaux, nous n'avons pas de plus vaillants auxiliaires que les chauves-souris; aussi vous recommanderai-je hautement ces précieuses bêtes qui pendant notre sommeil, alors que nous rêvons peut-être de nos fruits, de nos blés, de nos raisins, font en silence une guerre d'extermination aux ennemis de nos récoltes, et détruisent chaque soir par myriades hannetons, phalènes, tordeuses, teignes, pyrales, arpenteuses, enfin la plupart des espèces qui menacent toujours de nous affamer, si d'autres que nous ne font bonne garde.

Emile. La chauve-souris, je le vois, nous rend de grands services; c'est égal, elle est bien laide, et puis on dit que son toucher donne la gale.

Paul. — On en dit bien d'autres, mon petit ami. On dit que la chauve-souris blesse les chèvres à la mamelle de ses dents pointues pour sucer à la fois le sang et le lait; on dit qu'elle ronge les saucisses et le lard pendus sous le manteau de la cheminée; on dit que son entrée soudaine dans une maison est présage de malheur. J'ai vu des gens jeter des hauts cris parcequ'une chauve-souris les avait étourdiment frôlés du bout de l'aile; j'en ai vus d'effarés et blêmes de frayeur parce qu'ils avaient trouvé l'innocente bête accrochée par une patte aux rideaux du lit.

Il faut ici, comme en bien d'autres choses, mes chers enfants, faire une large part à l'imbécillité humaine, pour qui l'erreur est plus familière que la vérité. Si vous étiez assez grands pour me comprendre, j'ajouterais que lorsqu'on s'accorde à dire d'une chose que c'est noir, il convient de s'informer d'abord si par hasard ce ne serait pas blanc. Nous sommes tellement bourrés d'idées fausses que très-souvent l'opposé de la croyance vulgaire est précisément le vrai. Voulez-vous des exemples? Ils abondent.

Le soleil, disons-nous en général d'après de grossières apparences, tourne de l'orient à l'occident autour de la terre immobile; non, dit la science c'est-à-dire l'examen raisonné, non, c'est la terre au contraire qui tourne d'occident en orient devant le soleil immobile. — Les étoiles, disons-nous encore, sont de petits points brillants, des lumignons allumés sur la voûte du firmament; non, riposte la science, non, les étoiles ne sont pas de faibles étincelles; ce sont des astres énormes, comparables pour l'éclat et la grosseur au soleil, lui-même un million et demi de fois plus gros que la terre. — La chauve-souris, répète-t-on d'un commun accord, est un être malfaisant, hideux, venimeux, de mauvais présage, qu'il faut écraser sans pitié sous le talon. Non, affirme la science, mille fois non; la chauve-souris est une créature inoffensive, qui, loin de nous faire du tort et de nous présager des malheurs, nous rend un service immense en sauvegardant les biens de la terre contre leurs innombrables destructeurs. Non, nous ne devons pas la poursuivre de notre haine et la tuer impitoyablement; nous devons, au contraire, l'estimer et la respecter comme un de nos meilleurs auxiliaires. Non, la pauvre bête ne mérite pas la triste réputation que l'ignorance lui a faite; son toucher ne communique ni les poux ni la gale, sa dent ne meurtrit pas la mamelle des chèvres et ne souille pas nos provisions de lard, son irruption fortuite dans un appartement n'est pas plus à craindre que celle d'un papillon. Tout au contraire, je voudrais, quant à moi, fréquemment avoir sa visite le soir dans ma chambre à coucher; je serais bientôt délivré des cousins qui me harcèlent. Tout bien considéré, nous n'avons rien, absolument rien à lui reprocher, et nous lui sommes redevables de très-importants services. Voilà ce que l'examen raisonné répond aux préjugés de l'ignorance. Désormais, si vous l'osez, écrasez la chauve-souris sous le talon.

Louis. — Je m'en garderai bien, maintenant que je sais de quelle foule d'ennemis la chauve-souris nous délivre.

Jules. — C'est dommage que ce soit une bête si hideuse.

Paul. — Hideuse! voilà un gros mot sur lequel j'espère vous faire revenir.

Jules. — On ne pourrait nier que la chauve-souris ne soit affreusement laide.

PAUL. — Peut-être si.

EMILE. — Je serais bien curieux de savoir comment pourrait se tourner en beauté l'affreuse forme de la bête.

PAUL. — Discuter avec vous du laid et du beau, mes enfants, n'est pas entreprise que je puisse aisément mener à bien ; pour me suivre en un pareil sujet, il vous faudrait une maturité d'esprit que votre âge ne comporte pas. Seriez-vous de grandes personnes, que peut-être l'entente serait encore impossible entre nous, car ce n'est pas avec les yeux du corps que doivent se juger le laid et le beau, mais bien avec ceux de la raison, mûrie par la réflexion et l'étude, et libre des entraves des premières impressions en général entachées d'erreur. Hélas ! combien peu possèdent cette clairvoyance intellectuelle qui sait imposer silence aux opinions légèrement conçues pour contempler les choses dans toute la sérénité du vrai ! A s'en tenir au simple témoignage des yeux, fortifié en nous par l'habitude de chaque jour, nous appelons beaux les êtres dont la structure générale offre une certaine conformité avec celles des animaux qui nous sont le plus familiers et nous ont fourni les premières idées, désormais notre modèle pour juger. Nous appelons laids ceux qui s'éloignent de la configuration commune ; si l'écart est considérable, ils sont hideux. La raison franchit le cercle étroit de nos impressions premières, elle s'élève au-dessus de mesquines appréciations, et se dit : Rien n'est laid, venant des mains de Dieu ; tout est beau, tout est parfait en soi, puisque tout est l'œuvre du Créateur, perfection et beauté souveraines.

La forme d'un animal ne doit pas se juger d'après le plus ou le moins de ressemblance avec les formes qui nous sont familières et nous servent de termes de comparaison, mais bien d'après son aptitude au genre de vie pour lequel l'animal est créé. Où la structure est en parfaite harmonie avec les fonctions à remplir, là pareillement est la beauté. A ce point de vue élevé, le laid n'existe plus. Je me trompe, il n'existe que trop, mais dans le monde moral seul. L'intempérance, la fainéantise, le sot orgueil, le vice enfin, voilà vraiment le laid, voilà le hideux. A vrai dire, hors de là je ne le connais plus. Que ne puis-je d'un bond, mes bien-aimés enfants, vous élever à ces hauteurs où l'esprit se complaît dans l'infinie variété des êtres, et trouve en chaque créature un aliment nouveau à son admiration; que ne puis-je, devançant l'âge, vous ouvrir à l'instant les trésors du savoir, où vous puiserez un jour, je l'espère, avec toute l'ardeur que je m'efforce d'éveiller; vous verriez alors combien s'amoindrit, s'anéantit le laid imaginaire pour faire place à une réelle perfection.

Je reviens à la chauve-souris, sinon avec l'espoir de vous la faire trouver belle, du moins avec la certitude de vous intéresser avec sa remarquable structure. Je gage d'abord qu'aucun de vous ne sait au juste ce qu'est une chauve-souris.

Emile. — C'est un oiseau.

Jules. — C'est un vieux rat qui a pris des ailes.

Paul. — Vous venez l'un et l'autre de dire une sottise. Voilà bien comme nous sommes tous. Nous parlons à tort et à travers des bêtes et des gens, accordant à l'un notre estime, poursuivant l'autre de nos mépris, sans savoir ce qu'ils sont, ce qu'ils font, ce qu'ils valent. Vous ignorez le premier mot de l'histoire de la chauve-souris, et vous accablez le pauvre animal de gros mots injurieux.

La chauve-souris n'a rien de commun avec les oiseaux, dont elle ne possède ni le bec ni les plumes; ce n'est pas davantage un rat, qui sur la fin de sa vie aurait acquis des ailes. C'est bel et bien une créature spéciale, qui naît, vit et meurt avec des ailes, sans appartenir en rien à la parenté des oiseaux. Son corps a la grosseur, le poil et quelque peu la forme de celui de la souris; ses ailes sont nues, chauves. De ces deux caractères associés vient le nom de chauve-souris.

Les animaux les plus parfaits en organisation, ont

pour signe distinctif des mamelles, qui fournissent le lait, première nourriture des petits. Ces animaux ne donnent pas la becquée à leur jeune famille, comme le font les oiseaux, ils n'abandonnent pas leur progéniture à toutes les chances de la bonne ou de la mauvaise fortune, sans le moindre souci de son avenir, comme le font les stupides races des reptiles et des poissons : ils l'élèvent avec des soins maternels d'une incomparable tendresse, ils la nourrissent quelque temps du lait de leurs mamelles, ils l'allaitent. De toutes les espèces soumises dans le jeune âge à l'allaitement, de toutes les espèces douées de mamelles, les savants forment un groupe qu'ils nomment classe des *mammifères* (1). J'ajouterai que ces animaux ont, dans l'immense majorité des cas, le corps couvert de fourrure, de poils, et non de plumes ou d'écailles. Les plumes appartiennent aux oiseaux, les écailles aux reptiles et aux poissons. Comme exemples de mammifères, nos animaux domestiques, bœuf, chien, chat, mouton, chèvre, cheval et d'autres, vous viennent sans doute à l'esprit.

Émile. — J'ai bien remarqué, pour ma part, avec quels soins la chatte élève sa famille. Tandis que les petits chats pétrissent les mamelles avec leurss mignonnes pattes roses, comme pour faire venir plus aisément le lait, la chatte les lave avec la langue, et exprime par un doux ronron sa maternelle satisfaction.

Paul. — Eh bien, la chauve-souris est un mammifère aux mêmes titres que la chatte; comme la chatte elle a le corps défendu du froid par une fourrure, elle a des mamelles pour allaiter ses petits. Le nombre des mamelles est très-variable d'une espèce animale à l'autre, plus grand chez les espèces dont la famille est nombreuse, moindre chez les autres; et cela doit être, afin que les nourrissons trouvent tous à têter à la fois. La chauve-souris n'en a que deux, placés sur la poitrine, et non

(1) Du latin : *mamma*, mamelle ; *fero*, je porte.

sous le ventre. Elle n'élève qu'un petit chaque fois. Emile admire avec raison l'amour de la chatte pour ses petits chats; cependant la chauve-souris est une mère encore plus tendre. Quand elle sort le soir pour chercher de quoi manger, au lieu d'abandonner son nourrisson dans quelque trou de mur après l'avoir repu de lait, elle l'emporte avec elle, cramponné à la poitrine, et c'est appesantie par ce fardeau qu'elle poursuit au vol les rapides phalènes. La recherche d'une proie est moins fructueuse, plus pénible sans doute; n'importe, la mère affectionnée préfère ne pas quitter un seul instant la débile créature, qui tranquillement continue à téter pendant les évolutions de la chasse. L'obscurité venue, la chauve-souris gagne sa retraite, se suspend au plafond par un ongle et maintient son nourrisson en l'enveloppant de ses ailes fermées.

JULES. — Ce trait de mœurs n'est déjà pas si mal; je commence à trouver la chauve-souris moins hideuse.

PAUL. — Je viens de vous le dire : le laid est fils de l'ignorance, il s'amoindrit à mesure que le savoir s'étend. Mais je continue.

V. — Les ailes des Chauves-Souris.

PAUL. — Les ailes, des ailes véritables, parfaitement propres au vol, sont le trait le plus frappant des chauves-souris. Comment un mammifère, c'est-à-dire un animal dont la structure générale est celle du chien et du chat par exemple, peut-il posséder le vol de l'oiseau; par quelle étrange disposition deux organes qui s'excluent l'un l'autre, l'aile et la mamelle, se trouvent-ils ici réunis? Il y a dans l'aile de la chauve-souris, mes enfants, un admirable exemple des ressources infinies mises en œuvre par le Créateur, qui, sans rien changer au plan fondamental, sans rien ajouter, sans rien retrancher, a disposé les mêmes choses pour les fonctions les plus diverses. Les pattes de devant des mammifères, du chien et du chat si vous voulez, sont changées en ailes dans les chauves-souris sans qu'il y ait une pièce de plus ou de moins en cette incroyable transformation. Mieux que cela : les bras de l'homme, nos propres bras, mes amis, s'y retrouvent pièce par pièce, os par os. Vous me regardez tous d'un air incrédule, ne pouvant comprendre qu'il y ait quelque chose de commun entre nos bras et les ailes de la chauve-souris.

JULES. — Le fait est qu'il me faut toute la confiance que j'ai en vos paroles pour admettre que le bras de l'homme et l'aile de la chauve-souris soient au fond même chose quant à la structure,

PAUL. — Je ne me propose pas de le faire admettre de confiance, mais bien de le prouver. Suivez sur votre bras pour mieux saisir la démonstration.

De l'épaule au coude, le bras de l'homme se compose d'un os que l'on nomme *humérus*. Du coude au poignet, il comprend deux os inégaux rangés tout au long à côté l'un de l'autre. Le plus gros est le *cubitus*, le plus faible le *radius*. Après vient le poignet, composé de plusieurs osselets dont je supprimerai le détail. Par de là se trouve la pomme de la main, formée d'une rangée de cinq os à peu près pareils et servant chacun de support à un doigt. Enfin chaque doigt se compose d'une file d'osselets nommés *phalanges* ; le pouce en a deux, tous les autres en ont trois. J'ajouterai que deux os servent d'attache au bras et le relient au corps. L'un est *l'omoplate*, os large et triangulaire, situé sur le dos derrière chaque épaule ; l'autre est la *clavicule*, os mince et courbé qui, sur le devant se dirige de l'épaule au milieu de la naissance du cou. Ce sont les clavicules que le doigt sent de droite et de gauche, tout au haut de la poitrine.

Tout en faisant ce dénombrement des pièces du bras de l'homme, l'oncle Paul conduisait la main de ses auditeurs qui palpaient sur leur personne les os dénommés. Emile était bien quelque peu étonné de ces termes savants, humérus, cubitus, omoplate, qu'il entendait pour la première fois ; n'importe, l'attention aidant il les retint sans peine. Quand chacun fut suffisamment familiarisé avec la position et le nom des os, l'oncle reprit.

Paul. — A présent examinez avec moi cette image qui représente le squelette d'une chauve-souris (*fig.* 9). Autour des os figurés en blanc, le dessinateur a reproduit en noir les ailes de l'animal. L'os marqué *o* est l'omoplate. Comme chez nous, il forme l'arrière de l'épaule ; il est triangulaire, large et plat.

Emile. — Alors le point marqué *cl* est l'épaule, et l'os qui va de ce point à la base du cou est la clavicule ?

Paul. — Parfaitement.

Louis. — Je devine le reste. En *h* est l'humérus ; le coude est à l'angle que cet os forme avec le suivant.

Fig. 9. — Squelette de Chauve-Souris ; *o*, omoplate ; *cl*, clavicule ; *h*, humérus ; *cu* et *r*, cubitus et radius ; *ca*, carpe ou poignet ; *po*, pouce ; *mc*, métacarpe ou paume de la main ; *ph*, phalange.

Jules. — A mon tour. Les deux os rangés en long à côté l'un de l'autre et qui vont du coude au poignet sont marqués *cu* et *r*. Le premier est le cubitus, le second est le radius. Par conséquent *ca* est le poignet. Là je commence à me perdre.

PAUL. — Le poignet, vous ai-je dit, se compose de plusieurs petits osselets. Cette structure se retrouve fort bien en *ca*, poignet de la chauve-souris.

JULES. — Mais alors la main ?

PAUL. — La paume de la main et les cinq doigts qu'elle supporte sont représentés par les rayons de l'aile et par *po* qui est le pouce. Des cinq doigts celui-ci est le plus court comme chez l'homme ; il n'entre pas dans la charpente de l'aile, mais reste libre et se trouve armé d'un ongle crochu dont l'animal se sert pour se cramponner et marcher. Au-dessous de cet ongle sont deux phalanges comme pour le pouce de l'homme ; enfin ces deux phalanges ont pour base un petit os qui chez l'homme fait partie de la paume de la main. Laissons le pouce.

Vous voyez bien ces quatre os si longs qui partent du poignet *ca* comme des rayons et occupent la majeure partie de l'aile. L'un est marqué *mc*. En leur adjoignant l'os analogue mais beaucoup plus court du pouce, ils représentent la rangée de cinq os dont se compose la paume de notre main. Par delà viennent les doigts, avec leurs phalanges *ph*. En somme, sauf de très-légères différences, l'aile de la chauve-souris reproduit pièce par pièce la charpente du bras de l'homme.

JULES. — Oui, tout s'y retrouve, tout jusqu'aux petits os du poignet et des doigts. Est-il possible qu'une misérable chauve-souris ait si fidèlement pris modèle sur nous ! L'affreuse bête copie nos bras pour se faire des ailes.

PAUL. — Il ne faut pas que votre amour-propre souffre de cette étroite ressemblance, que vous retrouveriez à des degrés divers chez une foule d'autres animaux, surtout chez les mammifères, nos plus proches voisins sous le rapport de l'organisation. Dans la structure de son corps, l'homme n'a rien qui lui appartienne en propre ; le chien, le chat, l'âne, le bœuf, tous tant qu'ils sont, partagent avec nous un fond commun d'organes, modifiés dans les détails et appropriés au genre de vie de chaque espèce. Nous reconnaissons le plan fondamental de nos bras dans les ailes de la chauve-souris, nous le reconnaîtrions avec non moins d'évidence dans les membres antérieurs du chat, du chien et de tant d'autres ; nous pourrions constater un informe essai de notre main jusque dans le sabot grossier de l'âne. Je vous dis ces choses, mes amis, non pour amoindrir à vos yeux l'incontestable supériorité de l'homme, mais pour vous inspirer la commisération due à l'animal, qui bâti comme nous, souffre comme nous, trop souvent victime de nos stupides brutalités. Celui qui sans motif fait souffrir les bêtes, commet action barbare, volontiers je dirais inhumaine, car il torture une chair sœur de la nôtre, il brutalise un corps qui partage avec nous le même mécanisme de la vie et la même aptitude à la douleur. Quant à notre supériorité, elle s'affirme, avant tout, par un caractère exceptionnel qui nous met en dehors de toute comparaison même avec les êtres qui, par leur structure, se rapprochent le plus de nous. Ce caractère, c'est la raison, flambeau qui nous guide pour la recherche du vrai ; c'est l'âme humaine, qui seule se connaît elle-même, et seule, par un sublime privilège, a connaissance de son divin Auteur.

Chez les chauves-souris, quatre des cinq os composant notre paume de la main, s'allongent outre mesure ainsi que les doigts correspondants, et forment quatre rayons entre lesquels est tendue la membrane de l'aile comme est tendu le taffetas sur les baleines d'un parapluie. C'est donc surtout aux dépens de la main que l'aile est formée. Pour rappeler ce fait, les savants désignent l'ensemble des mammifères analogues à nos chauves-souris par le nom de *cheiroptères* (1) signifiant main-aile (2).

(1) Prononcez : *keiroptères*.

(2) Du grec : *cheir*, main ; *pteron*, aile.

Des cinq doitgs, un seul, le pouce, reste libre, avec des dimensions qui n'ont rien d'exagéré; il est en outre armé d'un ongle, d'une griffe. Les quatre autres, dépourvus de griffe, s'allongent pour servir d'appui à la membrane de l'aile. Cette membrane est un repli nu de la peau, qui

Fig. 10. — Chauves-souris au repos.

part de l'épaule, s'étale entre les quatre longs doigts de la main, et va rejoindre les pattes postérieures, dont les cinq doigts, tous armés d'ongles recourbés en crochet, ne s'écartent pas de la conformation ordinaire. A la faveur de leur pouce libre, les ailes font office de pattes pour marcher, une fois que leur membrane est ployée et serrée contre les flancs. L'animal se cramponne au sol en y enfonçant tour à tour la griffe de droite et la griffe de gauche, puis se pousse en avant avec les pattes postérieures par une suite de culbutes pénibles. La chauve-souris se traîne ainsi avec assez de prestesse pour qu'on puisse dire qu'elle court rapidement ; mais cet exercice l'a bientôt fatiguée ; aussi ne s'y livre-t-elle que lorsqu'elle jouit dans sa retraite d'une parfaite sécurité, ou bien lorsqu'elle s'y trouve contrainte par sa position sur une surface plane qui ne lui permet pas d'étaler les ailes et de prendre l'essor. Au plus vîte alors elle gagne un point élevé d'où elle se précipite. Pour déployer l'embarrassante membrane de leurs ailes et se lancer dans les airs, les chauves-souris ont en effet besoin d'un grand espace libre qu'elles ne peuvent obtenir qu'en se laissant tomber de haut. Aussi, dans les cavernes qu'elles habitent, ne manquent-elles jamais de se ménager une chute facile. Avec les griffes crochues d'une patte postérieure. elles se cramponnent à la voûte, la tête en bas. C'est ainsi qu'elles reposent, c'est ainsi qu'elles dorment. A la moindre alerte, la patte lâche prise, les ailes s'étalent et l'animal s'envole.

Emile. — Voilà une singulière façon de dormir que de s'accrocher au plafond par une patte la tête en bas. Et elles restent longtemps comme cela, sans se fatiguer ?

Paul. — Quand il le faut, une bonne moitié de l'année.

En se couchant, Emile pensait encore à la manière de dormir des chauves-souris ; lui, préférait la sienne.

VI. — L'odorat et l'ouïe des Chauves-Souris.

Paul. — Les chauves-souris sont nocturnes, c'est-à-dire qu'elles quittent leurs retraites seulement aux approches de la nuit pour se mettre en chasse aux clartés crépusculaires du soir. En général, les animaux qui se livrent à des chasses nocturnes ont des yeux très-gros, qui recueillent le plus possible de lumière et permettent ainsi la vision avec une faible clarté. Les oiseaux de nuit, la chouette et le hibou, nous en donneront plus tard un exemple remarquable. Par une exception singulière, malgré leurs habitudes nocturnes, les chauves-souris ont des yeux très-petits. Comment alors se dirigent-elles dans leur vol si brusque, si variable de direction; comment, surtout, sont-elles averties de la présence de leur menu gibier, teignes et moucherons?

Elles sont avant tout guidées par l'odorat et l'ouïe, qui sont chez elles d'une finesse hors ligne. Que dites-vous des oreilles de la chauve-souris ici figurée (*fig.* 11)? Quel animal pourrait, toute proportion gardée, en offrir de semblables? Comme elles s'épanouissent en cornets énormes, aptes à recueillir le moindre bruit. La chauve-souris qui en est douée porte le nom expressif d'*Oreillard.*

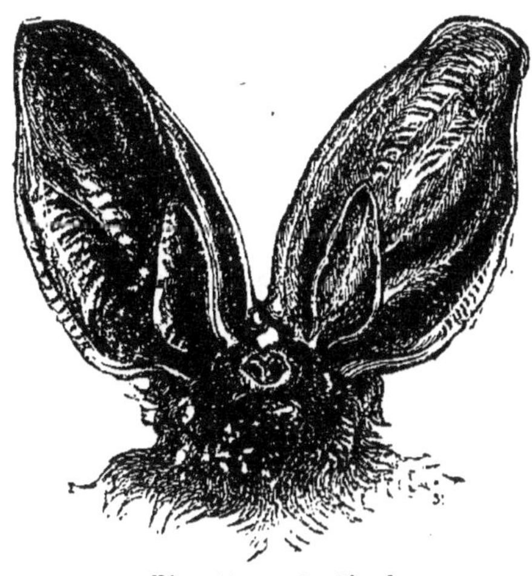

Fig. 11. — Oreillard.

JULES. — Oreillard, voilà un nom comme je les aime; à lui seul, il fait connaître la bête et semble dire qu'avant tout, elle est formée d'une paire d'oreilles.

PAUL. — Des oreilles si prodigieuses certainement sont faites pour percevoir des sons qui nous échappent par leur excessive faiblesse. Elles permettent à l'oreillard d'entendre à distance le battement d'ailes d'une phalène, le trémoussement d'un moucheron qui danse en l'air.

D'autres chauves-souris, moins bien partagées sous le rapport de l'ouïe, possèdent en compensation un odorat comme il n'y en pas d'autre au monde pour la finesse. La haute perfection de ce sens est la conséquence du développement du nez, qui recouvre une bonne partie de la face et donne à l'animal la plus bizarre tournure.

Comme exemple, voici la tête d'une chauve-souris nommée *Fer-à-cheval* (*fig.* 12). Ce large empâtement de forme étrange, qui envahit presque tout l'espace compris entre les deux yeux et la bouche, c'est le nez. Il se termine en haut par une large feuille triangulaire, latéralement il s'étale en feuillets plissés dont l'ensemble courbé rappelle

Fig. 12. — Fer-à-cheval.

un fer à cheval, et c'est de là que vient le nom de la bête. Quelle odeur, si subtile qu'elle soit, pourrait échapper à un tel nez. Le chien, dont le flair est si renommé, chasse le lièvre sans le voir, guidé seulement par les émanations que laisse sur son trajet l'animal échauffé par la course; mais de combien le Fer-à-cheval l'emporte, lui qui chasse de la même manière une phalène, sans odeur aucune pour tout autre nez que le sien. Je me demande même si pareil nez, épanoui jusqu'au monstrueux, n'est pas apte à reconnaître certaines qualités des choses qui nous sont et nous seront toujours inconnues, faute de moyens pour les apprécier. Le nez grotesque du Fer-à-cheval vous fait rire, mes petits amis; quant à moi, il me fait songer. Je songe aux mille secrets que la nature dérobe à nos sens et qui seraient pour nous des acquisitions aussi faciles que précieuses, si nous possédions l'odorat d'une misérable chauve-souris. Qui sait? peut-être le Fer-à-cheval prévoit, avec son nez, la tempête plusieurs jours à l'avance, il flaire le futur orage, il sent venir du bout de la terre les nuées pluvieuses, il connaît par l'odeur les vents qui vont souffler, il distingue l'arôme du temps qu'il doit faire; et guidé par des appréciations dont il ne nous est pas même possible de nous former une idée, il se précautionne pour la chasse aux insectes, tantôt abondante et tantôt infructueuse, suivant l'état de l'air.

JULES. — Si le nez du Fer-à-cheval a ces aptitudes, il faut convenir que c'est un fameux nez.

PAUL. — Je n'affirme rien de particulier, je n'ai que des soupçons. Tout ce qui me paraît hors de doute, c'est qu'un tel organe est pour l'animal une source de sensations inconnues à l'homme.

EMILE. — Vous en direz tant, mon oncle, que je finirai par trouver le nez du Fer-à-cheval bien plus curieux que laid. Il y a une autre chose que j'examine depuis un instant. Pourquoi le Fer-à-cheval a-t-il les joues si grosses? Voyez comme l'image donne à la chauve-souris une tête bouffie.

PAUL. — Pour la chauve-souris, la chasse est de courte durée; elle ne comprend qu'une heure ou deux, enfin le peu de temps compris entre le coucher du soleil et l'obscurité de la nuit. Le reste des vingt-quatre heures se passe au repos, dans la tranquillité de quelque grotte. L'animal ne fera-t-il donc qu'un seul repas dans ce laps de temps! Et puis manque-t-il de soirées où la chasse est impraticable? Le ciel est trop obscur, il fait du vent, il pleut, les insectes se cachent. La chauve-souris serait ainsi exposée à de longs jeûnes s'il lui était impossible de faire des provisions. Ces provisions, il faut les amasser à la hâte, au vol, sans discontinuer un moment la chasse, de si courte durée. A cet effet, des sacoches sont indispensables, des sacoches profondes où le chasseur entasse son gibier à mesure qu'il le saisit. Les joues précisément font cet office : elles peuvent se distendre au gré de la bête, se gonfler, se bouffir en pochettes où s'empilent les insectes tués d'un coup de dent. A ces sacoches de réserve, on donne le nom d'*abajoues*. Les singes gloutons en possèdent. C'est là que la guenon friande met le morceau de sucre qu'on lui donne, et le laisse délicieusement fondre pour le savourer à l'aise. Eh bien, la chauve-souris en chasse commence par satisfaire son appétit; puis, surtout lorsque son nez, le fameux nez que vous savez, lui prédit pour les jours suivants un temps non propice, elle redouble d'ardeur, amassant papillon sur papillon au fond de ses poches élastiques. Elle rentre au logis, les abajoues toutes rebondies. Maintenant, sans crainte de famine, elle peut attendre plusieurs jours s'il le faut. Appendue immobile par une patte de derrière, elle se nourrit de ses conserves alimentaires; elle grignote un à un, à ses heures d'appétit, les insectes savoureusement amollis dans le réservoir des joues.

Il est plus que temps d'en finir avec les chauves-souris; leur histoire serait trop longue si je voulais tout dire. Je demanderai seulement à Jules ce qu'il pense maintenant de ces animaux qu'il qualifiait de hideux au début.

JULES. — Franchement, mon oncle, ils m'inspirent plus d'intérêt que de répugnance. Leurs ailes singulières façonnées aux dépens des mains, leur nez prodigieux et leurs immenses oreilles qui suppléent à la faiblesse de la vue, leurs joues gonflées en poches de réserve, m'ont beaucoup intéressé.

ÉMILE. — Les abajoues, où la bête met son gibier confire, et le nez qui flaire l'orage, m'ont le plus amusé.

Louis. — Pour moi, je n'oublierai jamais de combien

Fig. 13. — L'Oreillard.

d'ennemis les chauves-souris nous délivrent.

Paul. — Vous le comprenez maintenant, je l'espère :

utiles en détruisant une foule d'insectes ravageurs, dignes de notre attention par leur singulière structure, les chauves-souris ne doivent pas nous inspirer une répugnance que rien ne motive, et encore moins une stupide rage d'extermination. Laissons en paix ces pauvres bêtes qui gagnent vaillamment leur vie à défendre nos récoltes, ne leur faisons pas du mal sous le sot prétexte qu'elles sont laides, car leur prétendue laideur est en réalité un admirable accommodement de la structure au genre de vie de l'animal.

Nous avons en France d'assez nombreuses espèces de chauves-souris, qu'on divise en *Rhinolophes* (1), *Vespertilions* (2) et *Oreillards*. Les Rhinolophes ont le nez garni de membranes, de franges, de crêtes d'une ampleur et d'une conformation bizarres. Tel est le Fer-à-cheval, dont vous venez d'admirer le nez étrange ; il habite les grottes profondes et les vieilles carrières. Les oreillards se reconnaissent aux dimensions exagérées de leurs oreilles ; ils fréquentent les bosquets et les forêts. Les vespertilions ont le nez et les oreilles de moyennes dimensions. La plupart vivent en société, se cachant le jour dans des réduits obscurs, tels que des creux d'arbre, des trous de mur, des greniers, des cheminées où l'on ne fait pas de feu, des excavations de rochers, des cavernes. Les plus connues sont la *Sérotine*, à pelage roux, qui passe le jour dans les trous caverneux des arbres et recherche les endroits où il y a de l'eau ; la *Noctule*, hôte de nos maisons, qui sort de sa retraite plutôt que la sérotine et se montre vers le coucher du soleil ; la *Pipistrelle*, la plus petite et la plus commune des chauves-souris, qui fréquente nos greniers et le chaud abri de nos cheminées. C'est cette dernière, seule ou associée à la noctule, que vous voyez voler autour des habitations.

(1) Du grec : *Rhîn*, nez ; *lophos*, frange.
(2) Du latin : *vesper*, soir.

VII. — Le Hérisson.

Dans son jardin, enclos de murs, l'oncle Paul laissait errer une paire de hérissons apportés depuis quelques années des collines voisines. Un soir les enfants les aperçurent trottinant dans un carré de laitues. — Pourquoi l'oncle, demanda Emile, a-t-il mis ses animaux dans le jardin, et nous a-t-il recommandé de les laisser tranquilles si nous venions à les rencontrer ? — Sans doute pour faire la guerre aux insectes nuisibles, répondit Jules. Tiens, regarde : en voilà un qui fouille le sol de son petit museau noir. Chut ! taisons-nous et voyons ce qu'il cherche. — Les enfants s'accroupirent derrière une ramée de pois pour ne pas être vus. Le hérisson, tantôt grattant avec les pattes, tantôt fouillant du bout du museau, semblable au groin du porc, finit par déterrer une grosse larve blanche qui probablement était attachée à la racine d'une laitue. Les enfants accoururent pour examiner le gibier capturé. Le hérisson surpris se hâta de se rouler en boule de partout garnie de piquants. Dans le vers déterré, Jules reconnut sans peine une larve de hanneton, dévorante engeance dont l'oncle avait déjà raconté la calamiteuse manière de vivre. A la veillée, quand Louis fut venu, le hérisson devint naturellement le sujet de la conversation.

PAUL. — Il y a quelques années, rentrant assez tard, je rencontrai deux hérissons qui sortaient d'un tas de pierres. Je les nouai dans mon mouchoir pour les lâcher dans le jardin. Depuis lors ils n'ont cessé de me rendre certains services que vous pourrez apprécier en examinant les mâchoires que voici figurées (*fig.* 14)

JULES. — Des dents aussi pointues ne sont pas faites pour brouter de l'herbage. Le hérisson doit se nourrir de proie. C'était pour la croquer que je l'ai vu tantôt déterrer une larve de hanneton.

Paul. — Remarquez que les dents sont armées de pointes aigues tant à la mâchoire supérieure qu'à la mâchoire inférieure ; ces dents engrènent les unes dans les autres quand l'animal mord, et plongent, comme autant de fins poignards, dans les chairs de la proie capturée. Avec ce système compliqué d'engrenage dentaire, le hérisson évidemment ne peut triturer des aliments coriaces ; il lui faut une nourriture molle, juteuse, réduite en marmelade en quelques coups de dents. L'animal est donc avant tout carnivore. Quelques autres espèces, en particulier la taupe et la musaraigne de nos pays, ont, comme le hérisson, les dents armées de pointes coniques engrenantes. Leur régime alimentaire est à peu près pareil. Tous les trois, hérisson, taupe et musaraigne, se nourrissent de menu gibier, insectes, larves, limaces, chenilles, vers ; ils font partie du groupe de mammifères que les naturalistes nomment l'ordre des *Insectivores*, c'est-à-dire l'ordre des mangeurs d'insectes ; ils se livrent, à la surface du sol et sous terre, aux mêmes chasses que les chauves-souris font dans l'étendue de l'air. Par leur manière de vivre, les chauves-souris sont bien des insectivores, en ce qu'elles se nourissent d'insectes ; mais leur organisation spéciale les fait classer à part, dans l'ordre des cheiroptères. Les mammifères nous fournissent ainsi deux ordres auxiliaires, les cheiroptères, qui chassent au vol, et les insectivores proprement dits, qui chassent à terre et sous terre. A ces derniers appartiennent le hérisson, la taupe et la musaraigne.

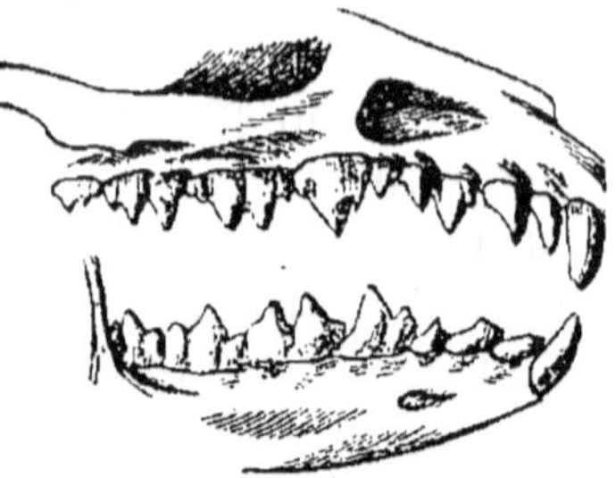
Fig. 14. — Dents du Hérisson.

Au hérisson, le plus gros des trois, il faut une proie plus abondante et plus forte. L'infime vermine est dédaignée ; mais une larve de hanneton, une courtilière ventrue sont d'excellentes captures. Quand elles ne sont pas trop profondément situées, il fouille avec les pattes et le museau pour les déterrer. Vous venez de voir mes hérissons au travail dans le carré de laitues. Toute la nuit, ils vont rôder par le jardin, furetant de partout et croquant pas mal d'ennemis sans me porter de préjudice appréciable. J'ai là deux gardiens vigilants, qui chaque nuit font la ronde dans l'intérêt de mes légumes. Cependant malgré tout l'intérêt qu'ils m'inspirent, je dois à la vérité d'avouer leurs méfaits.

La nourriture habituelle du hérisson se compose incontestablement d'insectes, mais lorsqu'une belle occasion se présente, la bête goulue facilement se laisse tenter par une proie plus volumineuse et de haut goût. En liberté, le hérisson ne se fait pas scrupule de saigner les lapereaux surpris au gîte en l'absence de la mère ; les œufs de la caille et de la perdrix sont pour lui régal hors ligne ; il est même au comble du bonheur s'il peut tordre le cou à la couvée. L'an dernier, j'entendis de nuit grand vacarme dans le poulailler. Les coqs jetaient des cris d'alarme, les poules gloussaient en désespérées, j'accourus. Un de mes hérissons s'était glissé sous la porte. Je trouvai le drôle saignant les petits poulets presque sous l'aile de leur mère, impuissante à les défendre au milieu d'une profonde obscurité. D'un coup de pied, l'assassin fut envoyé rouler dehors. Le lendemain, on répara soigneusement les clôtures, on boucha les trous à fleur de terre, et depuis lors je n'ai plus eu à me plaindre de mes chasseurs d'insectes. En prenant des précautions contre leurs sanguinaires appétits, j'ai là deux mangeurs de larves précieux pour le jardin.

Louis. — Mais n'a-t-on pas à craindre d'autres rapines ? J'ai entendu dire que le hérisson grimpe sur les arbres pour en faire tomber les fruits ; il se roule ensuite sur les fruits tombés, les embroche avec ses piquants et les emporte dans sa cachette pour les manger à l'aise.

Paul. — Laissez dire et n'en croyez rien. Il est de

toute impossibilité que le hérisson grimpe sur un arbre. Lourd et trapu comme il est, avec des jambes si courtes et des ongles sans puissance pour se cramponner, comment viendrait-il à bout d'une ascension qui exige de l'agilité, des griffes en crocs, des membres souples ? Non, mon ami, le hérisson n'escalade pas les arbres ; il n'emporte pas davantage les fruits embrochés à ses piquants. En cela tout ce qu'il y a de vrai, c'est que le hérisson ne se nourrit pas exclusivement de proie ; s'il trouve à terre des fruits à sa convenance, une poire bien mûre, une pêche, il les gruge avec autant de satisfaction qu'il le ferait d'une courtilière ou d'un ver-blanc.

LOUIS. — On dit encore que, tenus dans une habitation, ils en éloignent les rats.

PAUL. — Volontiers je le croirais. De jour, le hérisson se tapit et sommeille ; mais de nuit, il est très-remuant, sans cesse en quête de limaces, de gros scarabées et autres insectes. Il peut donc très-bien se faire que la chasse turbulente du hérisson, qui inspecte de son museau pointu les coins et les recoins, effraie les souris et les force à déloger, d'autant plus que le nocturne rôdeur répand une odeur désagréable, très-propre à déceler sa présence. N'ayant du chat ni le coup de patte si leste, ni l'incomparable patience à l'affût, le hérisson ne se livre pas à l'égard des rats à des chasses suivies ; mais si de fortune quelqu'un lui tombe sous la dent, avec plaisir il en fait curée, car son grand régal est le sang, la chair fraîche. Quand je veux leur faire fête, il m'arrive de jeter à mes hérissons du foie de bœuf tout saignant, des intestins crus de volaille. Tout cela est dévoré avec une avidité extrême. Des goûts aussi franchement carnassiers vous disent assez ce que doit devenir une souris par eux capturée. J'attribue à leur présence dans le jardin la disparition de quelques nichées de rats qui dans le temps m'incommodaient.

Pour satisfaire ses appétits gloutons, le hérisson paraît s'attaquer à toute espèce de proie indifféremment ; il croque même la vipère, sans nul souci de son venin. Ecoutez ceci que je puise dans le livre d'un savant observateur. — J'avais dans une caisse une femelle de hérisson qui nourrissait ses petits ; j'y mis une vigoureuse vipère qui s'enroula dans le coin opposé. Le hérisson s'approcha lentement et flaira le reptile, qui dressant aussitôt la tête se mit en garde en montrant ses crochets venimeux. Un instant l'agresseur recula, mais pour revenir bientôt sans précautions. La vipère le mordit au bout du museau. Le hérisson lécha sa blessure saignante, reçut une seconde morsure à la langue sans se laisser intimider, et saisit enfin le serpent par le milieu du corps. Les deux adversaires roulèrent pêle-mêle furieux, le hérisson grognant, la vipère soufflant et lançant piqûre sur piqûre. Tout à coup, le hérisson la happa à la tête, la broya entre les dents, et sans le moindre signe d'émotion se mit aussitôt à dévorer la moitié antérieure du reptile. Cela fait, il regagna le coin opposé de la caisse, et se couchant sur le côté, se mit tranquillement à faire téter ses petits. Le lendemain il mangea le reste de la vipère.

Jules. — Et le hérisson ne mourut pas de toutes ses blessures envenimées ?

Paul. — Nullement ; il n'en parut pas même incommodé. A quelques jours d'intervalle, la même expérience fut plusieurs fois renouvelée avec d'autres vipères ; le résultat fut le même. En dépit des morsures qui lui mettaient le museau en sang, le hérisson finissait toujours par dévorer le reptile, et jamais ni la mère ni les petits ne s'en trouvèrent mal. Que le hérisson soit tout-à-fait insensible au venin de la vipère, c'est ce que je n'oserais certifier ; toutefois il résulte des diverses expériences faites à ce sujet qu'il supporte, avec une surprenante insouciance, la morsure venimeuse du reptile quand il attaque celui-ci pour en faire friande curée. Un malaise momentané est tout au plus pour lui le résultat de blessures qui certainement mettraient l'homme en péril de mort.

D'autres immunités non moins étranges sont encore son partage. Vous vous rappelez la cantharide, ce magnifique insecte à odeur forte, qui vit sur les frênes et dont les élytres sont d'un superbe vert doré. Je vous en ai parlé en vous racontant l'histoire des ravageurs.

JULES. — Je sais. L'insecte séché et réduit en poudre sert à faire des vésicatoires, qui appliqués sur la peau déterminent rapidement une plaie.

PAUL. — Si la poussière de cantharide ronge si facilement la peau, que ne doit-elle pas faire introduite dans l'estomac ? Quel animal l'avalerait sans corrosion des entrailles, sans d'atroces douleurs suivies d'une prompte mort ? Eh bien, par une exception que je ne me charge pas d'expliquer, le hérisson peut se repaître de cet horrible poison. Un célèbre naturaliste de Russie, Pallas, l'a vu faire un repas avec des poignées de cantharides sans en éprouver d'accident. Pour un mets de cette sorte, il lui faut certainement un estomac fait exprès.

Il y avait autrefois un roi, très-renommé dans l'histoire, Mithridate, qui se sentant entouré d'ennemis capables de l'empoisonner d'un jour à l'autre, s'était, pour conjurer le péril, graduellement habitué aux drogues les plus malfaisantes. En ménageant la dose, peu à peu plus forte, il avait fini, dit-on, par devenir insensible au poison. Le hérisson est le Mithridate des bêtes ; mais de combien il excelle sur le roi soupçonneux ! Sans apprentissage aucun, d'emblée, il brave impunément le poison corrosif de la cantharide et l'atroce venin de la vipère.

J'aime à croire que le hérisson n'a pas reçu ces dons exceptionnels pour les laisser sans emploi. Il doit se complaire dans les lieux hantés par la vipère ; en ses rondes nocturnes dans les halliers, il doit surprendre le reptile au gîte et lui broyer la tête de ses dents pointues. Que de services ne peut-il pas rendre dans les localités infestées de cette dangereuse engeance ! Et cependant l'homme s'acharne sur le hérisson ; il le voue à l'exécration ; il le traite d'animal immonde, bon tout au plus à exercer la furie des chiens, qui ne peuvent mordre sur son dos épineux; il invente exprès pour lui le supplice de l'immersion dans l'eau froide pour le faire dérouler; et si la bête persiste dans son attitude de défense passive, dans son enroulement en boule, il l'excite d'un bâton pointu, l'aiguillonne, l'éventre.

Jules. — Ce n'est pas nous, oncle Paul, qui tracasserons jamais les hérissons ? Nous avons trop peur des vipères pour nous priver de ce vaillant défenseur.

Emile. — Les piquants du hérisson, que sont-ils ?

Paul. — Des poils, pas autre chose, mais très-gros,

Fig. 15. — Le Hérisson.

raides et pointus comme des aiguilles. Mélangés avec d'autres poils fins, souples et soyeux, faisant office de fourrure, ils recouvrent toute la partie supérieure du corps. Quant à la partie inférieure, elle n'a que des poils soyeux, sinon l'animal se blesserait lui-même en s'enroulant (*fig.* 15). Lorsque le hérisson, très-circonspect du reste, se sent en danger, il recourbe la tête sous le ventre, rapproche les pattes et se roule en une boule qui de partout présente à l'ennemi une armure d'épines. Le renard sait beaucoup de ruses, disaient les anciens; le hérisson n'en sait qu'une, mais toujours efficace. Quel est l'audacieux, en effet, qui oserait happer l'animal dans sa posture de défense? Le chien s'y refuse après quelques malencontreux essais, qui lui mettent la gueule en sang; il s'y refuse obstinément et se contente d'aboyer. A l'abri sous son enveloppe d'aiguilles, le hérisson fait la sourde oreille à ses vaines menaces et reste coi. Si le chien, surexité par son maître, revient à la charge, le hérisson a recours à un dernier expédient de guerre qui rarement manque son effet : il lâche son urine infecte, qui suinte de l'intérieur de la boule et vient humecter l'extérieur. Rebuté par l'odeur de la bête apuantie, piqué au nez par les dards, le chien le plus ardent renonce à l'attaque. L'ennemi parti, le hérisson se déroule avec prudence et se hâte de trottiner vers quelque sûre retraite.

VIII. — L'hibernation.

PAUL. — Nos chauves-souris s'alimentent exclusivement d'insectes, le hérisson en fait sa principale nourriture bien qu'il lui arrive de chasser un plus fort gibier, ou même de manger des fruits. Or, en hiver, les insectes à l'état parfait manquent; la plupart sont morts après avoir pondu les œufs, et les rares survivants sont blottis, à l'abri du froid, dans des cachettes où il serait bien difficile de les trouver. D'autre part, les larves, espoir des futures générations, sont engourdies loin des regards sous terre, dans le tronc des vieux arbres, au fond de réduits inaccessibles : le ver blanc, pour fuir les gelées, est descendu dans le sol à plusieurs pieds de profondeur. Plus de hannetons pour l'oreillard, plus de papillons crépusculaires pour la noctule et la pipistrelle, plus de scarabées pour le hérisson. Que vont devenir ces mangeurs d'insectes!

JULES. — Ils périront de faim.

PAUL. — Ils périraient tous en effet, sans la providentielle disposition que je vais essayer de vous faire comprendre.

Vous savez le proverbe : *Qui dort dîne*, proverbe de haute vérité dans sa naïve expression. Eh bien, le hérisson, les chauves-souris et d'autres le mettent en pratique comme s'ils étaient versés dans les secrets de la sagesse humaine. N'ayant plus à dîner faute d'insectes, ils se mettent à dormir, mais d'un sommeil si profond, si lourd, que pour le désigner on se sert d'un mot spécial, du mot de *léthargie*.

Un autre proverbe dit : *Comme on fait son lit, on se couche*. La bête, qui ne manque jamais d'esprit pour gérer ses propres affaires, se garde bien de l'oublier ; de sages précautions sont prises avant de s'abandonner au long sommeil d'hiver. Le hérisson se choisit un gîte entre les fortes racines de quelque souche d'arbre. Sur le déclin de l'automne, il y transporte herbes et feuilles sèches, qu'il dispose en une pelotte creuse, au centre de laquelle il s'enroule et s'endort. Les chauves-souris s'assemblent par troupes innombrables dans les tièdes profondeurs de quelques grottes, où rien ne puisse venir les troubler. La tête en bas et serrées l'une contre l'autre, elles se cramponnent aux parois qu'elles recouvrent d'une sorte de draperie velue ; ou bien accrochées l'une à l'autre, elles forment des grappes qui pendent du plafond. Maintenant l'hiver peut sévir, la bise faire rage : le hérisson dans son épaisse coque de feuilles, les chauves-souris dans leurs réduits abrités, dorment profondément jusqu'à ce que la belle saison revienne, et avec elle les insectes, la nourriture, l'animation, la vie.

EMILE. — De tout l'hiver, ils ne mangent rien ?

PAUL. — Rien.

EMILE. — Les chauves-souris et le hérisson ont donc

un secret pour cela. Pour ma part, je mange en hiver avec bien plus d'appétit, et ce n'est pas le dormir qui m'enlèverait la faim.

Paul. — Oui, le hérisson et la chauve-souris ont un secret pour cela. Ce secret, je vais vous le dire ; mais c'est un peu difficile, je vous en préviens.

Il est un besoin devant lequel la faim et la soif se taisent, si violentes qu'elles soient ; un besoin toujours renaissant et jamais assouvi, qui sans repos se fait sentir, pendant la veille et pendant le sommeil, de nuit, de jour, à toute heure, à tout instant. C'est le besoin d'air. L'air est tellement nécessaire à l'entretien de la vie, qu'il ne nous a pas été donné d'en réglementer l'usage, comme nous le faisons pour le manger et le boire, afin de nous mettre à l'abri des conséquences fatales qu'amènerait le moindre oubli. C'est pour ainsi dire à notre insu, indépendamment de la volonté, que l'air pénètre dans notre corps pour y remplir son rôle merveilleux. Avant tout, nous vivons d'air ; la nourrirure ordinaire ne vient qu'en seconde ligne. Le besoin des aliments n'est éprouvé que par intervalles assez longs ; le besoin d'air se fait éprouver sans discontinuer, toujours impérieux, toujours inexorable. Que l'on essaie un moment de suspendre son arrivée dans le corps, en lui fermant ses voies, la bouche et les narines, presque aussitôt le suffocation vous gagne et l'on sent qu'on périrait infailliblement si cet état se prolongeait un peu.

L'air n'est pas seulement de la plus pressante nécessité pour l'homme, il l'est aussi pour tous les animaux, depuis le dernier ciron à grand'peine visible, jusqu'aux géants de la création. La physique fait à ce sujet une expérience frappante. On met un animal vivant, un oiseau par exemple, sous une cloche de verre d'où l'on retire l'air peu-à-peu à l'aide d'une pompe spéciale nommée machine pneumatique. A mesure que l'air disparaît, aspiré par la pompe, l'oiseau chancelle, se débat dans une anxiété horrible à voir et tombe mourant. Pour peu qu'on tarde de faire rentrer l'air dans la cloche, le pauvret est mort, bien mort ; rien ne pourra le rappeler à la vie. Mais si l'air rentre à temps, son action le ranime. Enfin une bougie allumée que l'on met sous la cloche s'éteint aussitôt si l'on retire l'air. Il faut de l'air à l'animal pour vivre, il en faut à la bougie pour brûler.

Ce que j'ai maintenant à vous dire vous expliquera la cause de cette absolue nécessité de l'air pour l'entretien de la vie. — L'homme et les animaux d'une organisation supérieure, les mammifères et les oiseaux, ont une température qui leur est propre, une chaleur qui résulte, non des circonstances extérieures, mais du seul exercice de la vie. Sous un soleil brûlant comme au milieu des frimas de l'hiver, sous le climat torride de l'équateur comme sous le climat glacial des pôles, le corps de l'homme possède une température naturelle de 38 degrés, et cette température ne saurait baisser d'un rien sans péril de mort. La chaleur naturelle des oiseaux va jusqu'à 42 degrés, en toute saison, sous tous les climats.

Comment se fait-il que cette chaleur se maintienne toujours la même, et puis d'où peut-elle venir si ce n'est d'une espèce de combustion ? Il y a en effet en nous une combustion permanente ; la respiration l'alimente d'air, le manger l'alimente de combustible. Vivre, c'est se consumer, dans l'acception la plus rigoureuse du mot ; respirer, c'est brûler. On a dit de tout temps en langage figuré : *le flambeau de la vie.* Il se trouve que l'expression figurée est l'expression exacte de la réalité. L'air consume le flambeau, il consume l'animal ; il fait répandre au flambeau chaleur et lumière, il fait produire à l'animal chaleur et mouvement ; sans air le flambeau s'éteint, sans air l'animal meurt. L'animal est sous ce point de vue comparable à une machine d'une haute perfection mise en mouvement par un foyer de chaleur. Il se nourrit et respire pour produire chaleur et mouvement ; il mange son combustible sous forme d'aliments et le brûle dans les profondeurs de son corps avec l'air amené par la respiration. Voilà pourquoi le besoin de nourriture est plus vif en hiver. Le corps se refroidit plus vite au contact de l'air froid extérieur, aussi faut-il brûler plus de combustible pour que la chaleur naturelle ne baisse pas. Une température froide excite le besoin de manger, une température élevée le rend languissant. Pour les entrailles faméliques des peuplades sibériennes, il faut des mets robustes, graisse, lard, eau-de-vie ; pour les peuplades du Sahara, trois ou quatre dattes suffisent avec une pincée de farine pétrie dans le creux de la main. Tout ce qui diminue la déperdition de chaleur diminue aussi le besoin de nourriture. Le sommeil, le repos, les vêtements chauds, tout cela vient en aide au manger et le supplée en quelque sorte. Le bon sens populaire le répète en disant : *Qui dort dîne.*

Jules. — Soit, mais je ne vois pas encore comment le hérisson et la chauve-souris peuvent quatre et cinq mois durant se passer de nourriture. J'aurais beau dormir, il me serait impossible de supporter un si long jeûne.

Paul. — Attendez que j'aie tout dit. Pour le moment retenez bien ceci. Dans tout animal, l'entretien de la vie résulte d'une véritable et continuelle combustion. L'air, aussi nécessaire à cette combustion vitale qu'à celle du bois et du charbon dans nos foyers, est introduit dans le corps par la respiration. Tel est le motif qui rend continuel et si pressant le besoin de respirer. Quant aux matériaux brûlés, ils sont fournis par la substance même de l'animal, par le sang en lequel les aliments digérés se transforment.

Jules. — D'un homme qui met à son travail une ardeur extrême on dit qu'*il se brûle le sang.*

Paul. — Encore une expression populaire on ne peut mieux d'accord avec ce que la science connaît de plus certain sur l'exercice de la vie. Pas un mouvement ne se fait en nous, pas une fibre ne remue sans amener une dépense proportionnelle de combustible fourni par le sang, entretenu lui-même par l'alimentation. Marcher, courir, s'agiter, travailler, prendre de la peine, c'est à la lettre se brûler le sang, de même qu'une locomotive brûle son charbon en traînant après elle l'immense faix d'un convoi. Tel est le motif pour lequel l'activité, le travail pénible, excitent le besoin de manger; tandis que le repos, l'inoccupation l'affaiblissent.

Je vous proposerai maintenant la question suivante. Il y a, je suppose, dans la cheminée quelques tisons allumés, peu nombreux, tout petits; et vous vous proposez de conserver le feu le plus longtemps possible. Laisserez-vous ces tisons se consumer librement, prendrez-vous un soufflet pour envoyer de l'air sur la braise et la faire mieux brûler?

JULES. — Ce serait juste le moyen d'achever rapidement les tisons. Il faut au contraire les recouvrir de cendres. L'air n'arrivant alors sur la braise que difficilement, en très-petite quantité, la combustion se ralentit, et le lendemain on trouve les charbons encore allumés.

PAUL. — C'est fort bien dit, mon cher enfant. Pour entretenir longtemps le feu dans nos foyers avec le même combustible, il faut ralentir le tirage, diminuer l'accès de l'air, sans le rendre nul cependant, car alors le feu s'éteindrait. Dans ce but, on enterre les tisons sous la cendre, on ferme plus ou moins la porte du cendrier d'un poêle. Avec plus d'air, la combustion est active mais de courte durée; avec moins d'air, elle est faible, mais de longue durée.

Puisque l'entretien de la vie est le résultat d'une réelle combustion, l'animal créé pour supporter un long jeûne, qui ne lui permet pas de renouveler le combustible, le sang, doit diminuer l'accès de l'air dans son corps, il doit en quelque sorte diminuer le tirage de son calorifère vital. Or ce tirage, c'est la respiration. Pour se passer des mois entiers de nourriture et faire durer le peu de combustible que ses veines tiennent en réserve, l'animal n'a donc qu'une ressource : respirer le moins possible, sans se priver absolument d'air toutefois, car ce serait du coup l'extinction de la vie, comme l'extinction d'une lampe est la conséquence forcée du manque total d'air. Vous avez là tout le secret du hérisson et de la chauve-souris pour supporter, sans périr, la longue abstinence de la saison d'hiver.

D'abord les précautions les mieux entendues sont prises pour éviter toute perte, toute dépense superflue de chaleur, et pour économiser d'autant les réserves en combustible de leurs pauvres petites veines. Le hérisson s'enferme dans une épaisse coque de feuilles, au sein d'un tas de pierres ou dans le creux de quelque souche ; les chauves-souris s'entassent en grappes dans les chauds abris d'une grotte. — Ce n'est pas assez. Il ne faut remuer, car tout mouvement ne s'obtient que par une dépense de chaleur. Cette condition est scrupuleusement remplie : leur immobilité est telle, qu'on les dirait morts. — Ce n'est pas encore assez. Il faut amoindrir la respiration jusqu'aux dernières limites du possible. Et en effet, leur souffle est si faible, que tout juste, avec grande attention, il peut se constater. Cette vie parcimonieuse à outrance n'est plus comparable, on se le figure bien, au foyer et au flambeau qui, brûlant en liberté, répandent à flots la chaleur et la lumière ; c'est le maigre lumignon d'une veilleuse qui dépense, comme à regret, sa goutte d'huile ; c'est le charbon qui se consume sourdement sous la cendre. L'engourdissement est si profond, l'anéantissement si complet, que, s'il n'était suivi d'un réveil, cet état ne différerait pas de la mort.

On nomme *hibernation* cette suspension momentanée, ou plutôt ce ralentissement de la vie auquel certains animaux sont assujettis pendant l'hiver. Au nombre des animaux *hibernants*, c'est-à-dire soumis à l'hibernation, sont, outre le hérisson et la chauve-souris, la marmotte, le loir, les lézards, les couleuvres, la vipère, les grenouilles et autres reptiles. Ai-je besoin de vous dire que pour tomber et se maintenir dans cet état d'engourdissement qui rend des mois entiers l'alimentation inutile, il faut être organisé exprès ? Ne suspend pas qui veut sa respiration pour se soustraire à la nécessité de manger. Le chien et le chat par exemple, auraient beau dormir profondément, comme leur respiration est à peu près aussi active pendant le sommeil que pendant la veille, la faim les aurait bientôt réveillés.

Emile. — Comme elle me réveillerait moi-même.

Paul. — Aucune espèce dont la nourriture est assurée pendant l'hiver n'est soumise à l'hibernation. Celles que le froid priverait fatalement du manger, sont sauvegardées de la destruction par la providentielle torpeur qui les gagne aux approches de la mauvaise saison. Ne trouvant plus de quoi se nourrir, elles dorment. La marmotte dort quand la neige couvre les gazons de ses hautes montagnes ; le loir dort quand les fruits manquent ; les grenouilles, les crapauds, les couleuvres, les lézards, les chauves-souris, les hérissons dorment quand il n'y a plus d'insectes.

IX. — La Taupe.

L'oncle Paul venait de prendre au piége une taupe qui, depuis quelques jours, bouleversait plantations et semis dans un coin du jardin. Il faisait remarquer aux enfants la noire fourrure de la bête, plus douce que le plus fin velours (*fig.* 16) ; il leur montrait son museau apte à fouiller, ses pattes de devant, larges pelles qui remuent la terre avec une étonnante rapidité, ses yeux réduits à des points à peu près sans usage, son râtelier surtout armé de dents si terribles d'aspect.

Paul. — C'est grand dommage que la taupe nous porte préjudice par ses fouilles, car il n'y a pas au monde de destructeur de vermine plus acharné.

Louis. — J'ai toujours ouï dire et j'ai cru jusqu'ici que la taupe se nourrissait d'herbages, de racines principalement, et qu'elle creusait sous terre afin de s'en procurer.

Paul. — Pour vous prémunir contre des erreurs répandues au sujet du régime alimentaire de certains animaux, je vous ai donné quelques détails sur la conformation

Fig. 16. — La Taupe.

des dents, toujours appropriée au genre de nourriture. Je vous ai fait voir qu'il suffit d'examiner son râtelier pour reconnaître si l'animal est carnivore ou herbivore. Rappelez-vous la phrase qui résume nos premières conversations : *Montre-moi tes dents et je dirai ce que tu manges.*

La taupe vous le montre (*fig.* 17). Il y en a 44, toutes férocement pointues ou dentelées, les incisives à part. Voyez-vous là des meules à broyer paisiblement des racines, ou bien des outils acérés qui découpent les chairs mâchées ?

Louis. — Ce sont bien les dents d'un animal qui se nourrit de proie ; le hérisson et la chauve-souris n'en ont pas de plus aiguës.

Paul. — Pour lever toute espèce de doute, si pareilles

dents pouvaient en laisser sur leur sanguinaire travail, je vais vous rapporter quelques expériences faites au su-

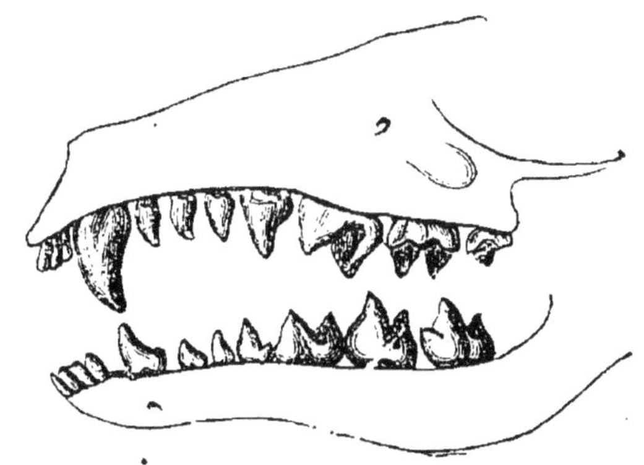

Fig. 17. — Dents de la Taupe.

jet du régime alimentaire des taupes. Nous les devons à un savant naturaliste français, Flourens. S'il vous est jamais donné, devenus grands, de lire ses travaux remarquables, vous pourrez apprécier la haute valeur de l'autorité que j'invoque.

Flourens mit dans un tonneau défoncé deux taupes vivantes, et les croyant herbivores, leur donna pour nourriture des racines, carottes et navets. Comme vous le voyez, l'illustre savant partageait le préjugé reçu, l'idée fausse que Louis vient de nous rappeler. Il fut bientôt détrompé. Le lendemain, les racines se trouvaient intactes ; mais l'une des taupes avait été dévorée par sa compagne, il n'en restait que la peau retournée.

Emile. — L'une des taupes avait mangé l'autre ? Oh ! la féroce bête !

Paul. — Elle s'était repue de son semblable, ce que ne fait peut-être aucune autre espèce d'animal. En dévorant sa compagne, elle avait mangé dans la nuit son propre poids de nourriture; et cependant, le lendemain matin, elle paraissait inquiète et très-affamé. Flourens lui jeta vivant un moineau, dont il avait rogné les ailes. La taupe le flaira, tourna autour, en reçut quelques bons coups de bec, puis, se précipitant sur l'oiseau, lui déchira le ventre et agrandit l'ouverture avec les ongles pour plonger la tête au millieu des entrailles fumantes. De son museau pointu, l'horrible bête fouillait là-dedans avec les marques de frénétiques délices. En moins de rien, elle eut dévoré la moitié du contenu de la peau, laissée intacte avec ses plumes. Flourens descendit alors au fond du tonneau un verre d'eau complètement plein : il vit la taupe se dresser contre le verre, se cramponner au bord avec ses griffes de devant et boire avec avidité. La soif apaisée, l'animal revint au moineau, en mangea encore un peu, et enfin, pleinement repu, s'assoupit en un coin. Le verre et le reste de l'oiseau furent retirés.

Il s'était à peine écoulé six heures que déjà la taupe, affamée de nouveau, explorait du flair le fond du tonneau cherchant de quoi manger. Un second moineau vivant lui fut jeté. Comme la première fois, à l'instant même elle le mordit au ventre pour arriver tout de suite aux entrailles. Quand elle l'eut mangé en grande partie et bu copieusement, elle parut rassasiée et resta tranquille. Ce fut son dernier repas du jour. Comptez bien, mes amis, ce qu'il faut de sanglantes bombances pour apaiser la faim d'une taupe. Dans la nuit, sa compagne de captivité; dans le jour, deux moineaux. En vingt-quatre heures, le poids de la nourriture représente près de deux fois le poids de l'animal.

La rage d'appétit est-elle au moins un peu calmée? Nullement. Le surlendemain matin, la taupe erre inquiète au fond de son tonneau; elle paraît exaspérée par un jeûne trop prolongé, son estomac crie famine. Vite, vite de la nourriture, on elle se meurt d'inanition. Le reste du moineau de la veille et une grenouille, attaquée comme toujours par le ventre, quelque temps lui firent prendre patience. Enfin on lui donna un crapaud. Dès que la taupe s'en approcha pour l'éventrer, le crapaux se bouffit, espérant peut-être effrayer l'ennemi par l'aspect repoussant de son corps gonflé. Il y réussit. Aprés l'avoir flairé, la taupe se retourna, rebutée par un invincible dégoût. Ah! vous ne voulez pas du crapaud, bête goulue; vous aurez des navets, des choux et des carottes. On lui en servit abondamment. Mais fi! les racines; plutôt périr que manger des navets! Le jour d'après, la taupe était morte de faim au milieu de ses provisions végétales. Elle avait dédaigné d'y donner le moindre coup de dent.

L'animal expérimenté avait-il des appétits exceptionnels, des manies de goût pour qu'il préférât se laisser mourir de faim plutôt que de toucher à des aliments de nature végétale? Pas le moins du monde; il suivait le régime de tous ceux de sa race. Bien d'autres essais ont été entrepris, tant par Flourens que par d'autres observateurs. Toutes les taupes qu'on a cherché à nourrir avec des substances végétales, pain, salade, choux, racines, herbages quelconques, sont invariablement mortes de faim sans toucher à leurs provisions. Au contraire, on conserve vivantes celles qu'on nourrit de chair crue, de vers, de larves, d'insectes de toute sorte.

Un autre moyen bien simple de décider sans réplique du genre de nourriture, consiste à examiner le contenu de l'estomac des taupes vivant en liberté et prises dans les champs. Tout ce qu'elles mangent, elles doivent l'avoir dans le ventre. Ouvrons l'estomac de la taupe et voyons. Il contient tantôt des tronçons rouges du ver ordinaire ou lombric, tantôt une bouillie de coléoptères reconnaissables aux débris coriaces que la digestion n'a pas altérés, fragments de pattes et d'élytres; tantôt et plus souvent une marmelade de larves, de vers blancs surtout ou larves de hanneton, dont on retrouve des signes distinctifs comme les mandibules et la dure enveloppe du crâne. On y voit un peu de tout gibier hantant le sol, cloportes et mille-pieds, insectes et vers, mans et chrysalides de papillons crépusculaires, chenilles et nymphes souterraines; mais l'examen le plus attentif ne peut y découvrir un brin, un seul de matière végétale.

Tous les moyens d'observation nous conduisent donc

au même résultat. En dépit des croyances qui peuvent avoir cours, il est certain que la nourriture de la taupe se compose exclusivement de substances animales, et pourrait-il, je vous prie, en être autrement, le contenu de l'estomac serait-il en désaccord avec le râtelier féroce que vous venez de voir ; à ce caractère seul ne reconnaît-on pas la bête insatiable de carnage?

La taupe est exclusivement carnivore, tout l'affirme. D'autre part, rappelons-nous le monstrueux appétit dont l'animal est doué, si l'on peut appeler appétit la famélique rage d'un estomac qui, dans les douze heures, exige une quantité de nourriture équivalant au poids de la bête. L'existence de la taupe est une frénésie gloutonne, toujours renaissante, jamais assouvie ; les accès de rage du ventre la prennent trois ou quatre fois par jour ; elle se meurt d'inanition pour quelques heures d'abstinence. Pour faire taire les angoisses de cet estomac où les aliments ne font guère que passer, aussitôt fondus, disparus, sur quoi peut compter la taupe? Les moineaux vivants, qu'elle dévorait avec tant de délices dans les expériences de Flourens, évidemment ne sont pas faits pour un chasseur qui travaille sous terre; tout au plus quelque misérable grenouille, errant dans la prairie, peut de temps à autre lui tomber sous la dent. Que lui reste-t-il donc? Il lui reste les larves qui vivent dans la terre, et en premier lieu les larves de hanneton, tendres et grasses à lard. C'est petit, j'en conviens, pour une telle faim, mais le nombre suppléera à la taille. Alors quelle extermination de vers blancs ne doit-elle pas faire quand le sol abonde de ce menu gibier! A peine un repas est fini que l'autre commence, et chaque fois, sans doute, les mans y passent par douzaines. Pour expurger un champ de ces redoutables ravageurs, aucun auxiliaire ne vaut la taupe.

Acharné destructeur de vermine, voilà ce qui me porte à prendre la défense de la taupe et à lui accorder, non sans quelques regrets, le beau titre d'auxiliaire. Ce titre, en effet, elle ne le mérite qu'avec de graves restrictions.

Pour atteindre les courtilières, les vers blancs et les larves de toute nature dont elle se nourrit, la taupe est obligée de fouiller entre les racines où le gibier habite. Nombre de racines qui l'entravent dans son travail sont coupées; les plantes sont déchaussées, soulevées; enfin la terre provenant des galeries creusées est amoncelée au dehors sous forme de monticules ou taupinées. Avec pareil bouleversement du sol, une plantation de végétaux annuels est bientôt compromise et un semis saccagé. Il suffit d'une nuit à une taupe pour mettre sens dessus dessous des étendues considérables, car la bête affamée est d'une singulière prestesse pour miner le sol où elle espère trouver de quoi manger.

Tout en elle est disposé pour la rapidité d'exécution des galeries de chasse, qu'elle prolonge jusqu'à des centaines de mètres. Le corps est trapu, rond, presque cylindrique d'un bout à l'autre afin de glisser sans obstacle dans l'étroit couloir. La fourrure est courte, épaisse, soigneusement lustrée pour ne pas laisser prise à la poussière et se maintenir d'une parfaite propreté, même dans la terre la plus friable et la plus facile à s'ébouler. La queue est très-courte; les oreilles externes manquent, quoique l'ouïe soit très-fine. Ces divers appendices, parfois si développés chez les animaux qui vivent en plein air, seraient un embarras sous terre; la taupe les supprime comme trop encombrants. Pas de luxe, mais le strict nécessaire pour sa rude besogne de mineur. Des yeux, grandement ouverts, accessibles aux grains de poussière d'un sol toujours remué, seraient pour elle une source de continuels tourments; d'ailleurs qu'en a-t-elle besoin dans l'obscurité absolue de sa demeure. La taupe n'est pas précisément aveugle, ainsi qu'on le croit d'habitude; elle a des yeux, mais tout petits et enfouis, presque sans emploi, dans l'épaisseur de la fourrure. L'odorat la guide, un odorat subtil comme celui du porc, dont elle a le boutoir propre à déterrer le friand morceau que son fumet décèle. De son groin, le porc devine et trouve sous terre la truffe parfumée; la taupe devine et trouve de même le ver-blanc dodu. Pour l'atteindre à travers le réseau des racines et l'épaisseur de la couche de terre, elle a ses pattes de devant qui s'élargissent en mains énormes, armées d'ongles d'une exceptionnelle vigueur (*fig.* 17). Ces mains, solides pelles capables de s'ouvrir un passage au besoin dans le tuf, sont l'outil par excellence de la taupe. A mesure que l'animal avance, fouillant de son boutoir, déblayant de ses mains, la terre est rejetée en arrière dans la galerie par les pattes postérieures, beaucoup plus faibles, mais suffisantes pour un travail bien moins pénible. Si la taupe se propose de revenir par le même chemin, la voie tracée doit être tenue libre; alors les déblais sont poussés au dehors et forment une taupinée de distance en distance.

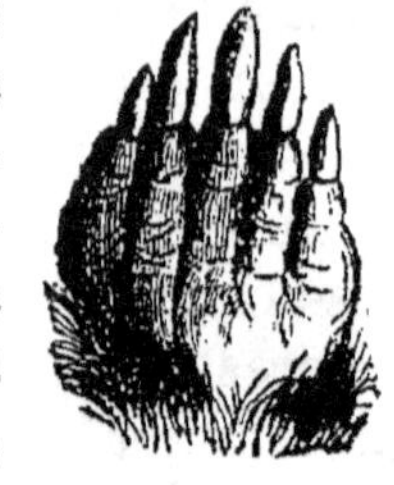

Fig. 18. — Pattes antérieures de la Taupe. Pattes postérieures.

Pour le moment, ces détails nous suffisent. Arrivons à la question si controversée de l'utilité de la taupe. Faut-il, en considération des services incontestables qu'elle nous rend, la tolérer dans nos cultures; faut-il, à cause de ses fouilles préjudiciables, la regarder comme un fléau et lui faire une guerre d'extermination ? Ce dernier avis paraît en général prévaloir; la guerre d'extermination est si bien déclarée, que des gens font métier de détruire les taupes, et que dans la campagne, rarement on fait quartier à la bête déterrée par la bêche. Je me permettrai de faire observer aux ennemis acharnés de la taupe, que les vers-blancs font des dommages bien autrement graves, et que, pour en débarrasser un champ, rien ne vaut l'affamé chasseur. Malgré l'opinion contraire, je crois que la présence des taupes, en nombre modéré, est nécessaire dans une prairie ; je crois que ce serait mal avisé que de la détruire entièrement. L'expérience en a déjà décidé. Je connais des pays où les taupes, pourchassées à outrance, finirent par disparaître. Or, savez-vous ce qu'il advint? Les vers blancs se multipièrent au point de dévaster les prairies. Pour se délivrer de cet ennemi redoutable, il fallut laisser revenir les taupes, et les tolérer tant qu'elles ne sont pas trop nombreuses. D'autres motifs, d'ordre secondaire, il est vrai, plaident en faveur de la taupe. Les taupinées sont formées d'une terre finement ameublie, qui, étalée au râteau, est très-favorable aux jeunes pousses de gazon; les galeries souterraines sont des saignées qui assainissent le sol en donnant une issue aux eaux surabondantes, ainsi que le feraient des canaux de drainage. Somme toute, le pour et le contre équitablement posés, je serais assez d'avis que la taupe ne doit pas être proscrite dans la grande culture, à moins qu'elle ne se multiplie à l'excès.

Louis. — Et dans un jardin?

Paul. — Ici la question change. En peu d'heures, une taupe peut bouleverser une plantation, un semis et les mettre dans un pitoyable état. Qui voudrait d'un tel fouisseur dans ses carrés de légumes! Vous déposez soigneusement vos graines en terre, vous alignez vos jeunes plants, vous égalisez le sol, vous tracez les rigoles d'arrosage; le lendemain, peste soit de la bête! la taupe a tout mis sens dessus dessous. Vite la bêche, vite le piége, et débarrassons-nous au plus tôt du fâcheux animal. Supposons cependant que les vers-blancs et les vers gris abondent, serons-nous plus avancés en détruisant la taupe? Nullement : la vermine fera bientôt pire que la taupe aujourd'hui; le mal sera plus grave, et voilà tout. Si j'avais un jardin infesté de vers-blancs, voici ce que je ferais. Au printemps, j'y lâcherais une demi-douzaine de taupes prises vivantes dans la campagne, et je les laisserais en paix se livrer à leurs chasses. L'extermination des mans accomplie, la terre nettoyée, je reprendrais mes taupes.

Louis. — On peut donc les reprendre quand on veut?

Paul. — Rien de plus facile; vous allez voir.

X. — Le nid de la Taupe. — La Musaraigne.

PAUL. — Des travaux de la taupe vous ne connaissez que les petits monticules de terre ou taupinées, et les galeries plus ou moins longues qu'elle creuse à fleur du sol. Ces galeries sont des chemins de chasse; l'animal les pratique pour rechercher entre les racines les larves dont il se nourrit. Si l'endroit est giboyeux, la taupe y fait halte, sondant de droite et de gauche les points où le flair lui annonce une proie; si le canton est pauvre, elle prolonge sa galerie ou bien en creuse de nouvelles, d'ici de là, dans toutes les directions, jusqu'à ce qu'elle ait trouvé un emplacement à sa convenance. Mais si riche qu'il soit en larves, un même filon est bientôt épuisé ; les vieilles fouilles sont donc abandonnées, et d'autres de jour en jour entreprises.

A proximité de son terrain de chasse, sillonné de galeries fraîches à mesure que besoin en est, la taupe possède un terrier, un domicile fixe, où elle se retire pour reposer, dormir, élever sa famille. Ce gîte est une œuvre d'art, un château fort dans la construction duquel la bête méfiante déploie, pour sa sécurité, un talent d'architecte consommé en mesures de prévoyance. Il ne faut pas le confondre avec les taupinées, simples déblais négligemment refoulés au dehors ; jamais la taupe ne séjourne sous ces amas sans consistance.

Sa demeure est tout autre édifice. Elle est sous terre, à une profondeur de près d'un mètre, d'habitude sous une haie, au pied d'un mur ou bien entre les fortes racines d'un arbre. Cet abri naturel lui donne plus de solidité et la protège contre les éboulements. Sa pièce principale (*fig.* 19) est un réduit C en forme de bouteille renversée, soigneusement crépi de glaise et lissé à l'intérieur. Une chaude couchette de mousse et de menues herbes sèches en forme l'ameublement. C'est là le lieu de repos de la taupe, sa chambre à coucher, le nid de la famille.

Deux chemins de ronde l'entourent à distance, l'un inférieur A plus grand, l'autre supérieur B de diamètre moindre ; ce sont deux étages circulaires propres à la surveillance de l'appartement central. De l'étage supérieur,

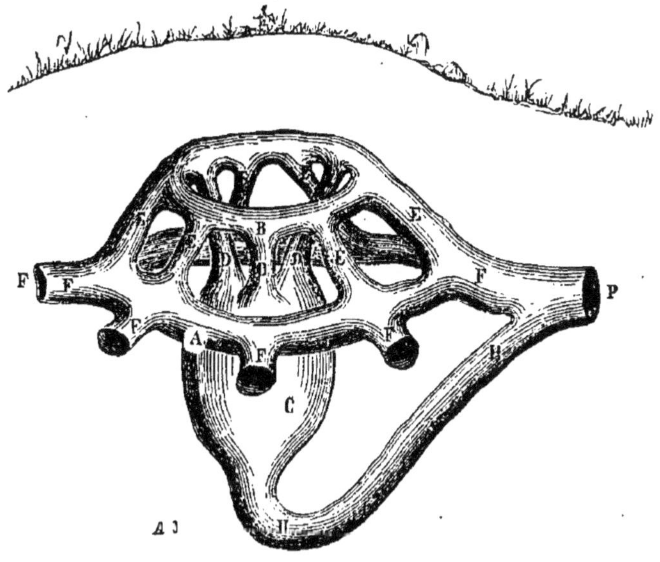

Fig. 19. — Nid de la Taupe.

où, de sa chambre, elle peut se rendre par l'un des trois canaux de communication D, de l'étage supérieur, dis-je, la taupe écoute ce qui se passe dehors. Si quelque danger la menace, une demi-douzaine de passages E s'offrent pour descendre sans délai à l'étage inférieur et de là gagner l'un des nombreux couloirs de fuite F. Ceux-ci rayonnent dans toutes les directions ; après un court trajet ils s'infléchissent et viennent aboutir au grand chemin de sortie P. Si le péril la surprend dans sa chambre même, la taupe disparaît par le canal H qui part des bas-fonds de l'édifice, se recourbe et débouche encore dans la grande voie P.

Emile. — C'est à se perdre dans tous ces canaux, ces circuits, ces étages. La maison de la taupe est bien compliquée.

PAUL. — Pour nous peut-être, pour elle non. Avec son labyrinthe, dont elle connaît si bien les issues, les tours et les détours, elle se soustrait prestement au danger. Vous croyez la saisir dans son gîte, mais pst ! elle est partie et vous ne savez pas où.

Les couloirs de fuite, tant ceux qui rayonnent autour de la galerie circulaire inférieure que celui qui part directement de la chambre, viennent tous aboutir en P, porte d'entrée du nid. Là commence le grand chemin de communication entre le gîte et le terrain de chasse, la galerie permanente où la taupe passe et repasse trois et quatre fois par jour, enfin toutes les fois qu'elle va en expédition ou qu'elle rentre chez elle. Cette galerie, toujours la même tant que dure l'habitation, est bien mieux soignée que les simples fouilles faites au jour le jour pour le besoin de la chasse ; elle est plus profondément située, plus large, lisse et bien battue ; aucune taupinée ne la surmonte, sa couverture de terre n'est pas crevassée, cependant quelque chose la trahit aux regards. A cause des incessantes allées et venues de la taupe, les racines y sont plus endommagées que dans les galeries ordinaires ; aussi le gazon qui la recouvre a-t-il une apparence souffreteuse, une teinte jaune. Une fois ce passage connu, et la bande jaune de gazon l'indique, on est maître de la taupe quand on veut. On place un piège dans l'intérieur de la galerie. Obligée de passer par là, pour entrer ou pour sortir, la taupe ne peut manquer de s'y prendre dans la journée.

LOUIS. — C'est tout clair. Je vois maintenant qu'il serait aisé de reprendre les taupes quand on voudrait, s'il devenait utile d'en lâcher dans un enclos pour détruire les vers blancs.

PAUL. — Pour terminer l'histoire des insectivores, il me reste à vous parler du plus petit des mammifères, de la *Musaraigne* ou *Musette*, dont la longueur n'est guère que de quatre à cinq centimètres. La mignonne créature à quelque ressemblance avec la souris, mais elle est beaucoup plus petite (*fig.* 20). Sa queue est moins longue, sa tête plus effilée et son museau plus pointu.

Fig. 20. — La Musaraigne.

Ses oreilles sont courtes et arrondies. Son pelage est à peu près celui de la souris.

La musaraigne a les goûts de la taupe. C'est un ardent chasseur de menu gibier, un mangeur de larves et d'insectes, comme le témoignent ses dents finement dentelées (*fig.* 21). Son corps fluet, capable de se glisser dans le moindre trou, son long museau propice à l'exploration du plus étroit recoin, lui permettent de fureter partout où la vermine trouve un asile. Gare au cloporte roulé en boule dans une fissure du mur, à la limace abritée sous la pierre ; la musette saura bien les atteindre, elle si petite, qui trouverait à se loger dans une coquille de noix. Vainement ils se cachent ; la musaraigne n'a pas besoin de les voir pour les découvrir. De son flair subtil elle les devine ; pour peu qu'ils remuent, elle les entend. Les clapiers des scarabées, les garennes des larves, les cachettes du moindre ver, n'ont pas de secrets pour elle. On pourrait l'appeler le furet des insectes.

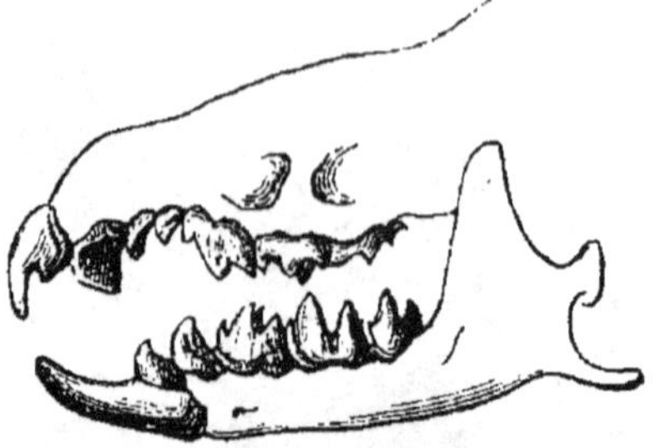
Fig. 21. — Dents de la Musaraigne.

Les musaraignes fréquentent les prairies, les champs, les jardins ; en hiver, elles se rapprochent des habitations et se réfugient sous les meules de paille ou dans les tas de fumier. Par les grands froids elles viennent jusque dans les étables, où elles vivent de blattes et de cloportes (*fig.* 22) ; mais pendant la belle saison, il leur faut la campagne,

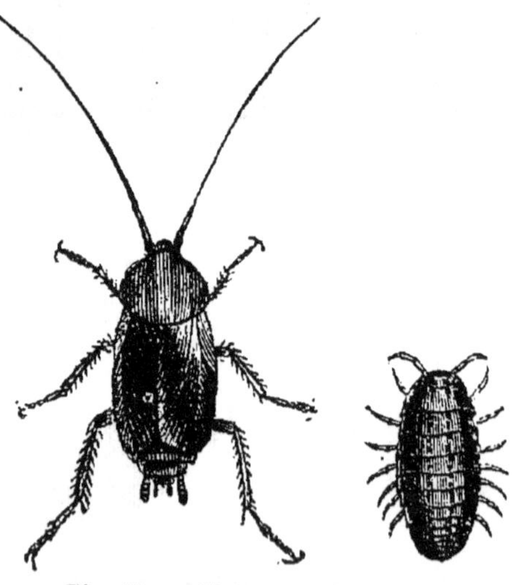
Fig. 22. — Blatte. Fig. 23. — Cloporte.

tantôt la prairie, où ces minutieux chercheurs de vermine complètent l'œuvre d'extermination de la taupe, tantôt le jardin, dont elles protègent les espaliers et les carrés de légumes contre la gent dévorante, sans jamais toucher aux fruits, aux racines, aux grains. Les dents leur imposent l'abstention absolue de toute substance végétale ; la taupe n'est pas plus franchement vouée à des appétits carnassiers. D'autre part, en leurs chasses si favorables à nos intérêts, les musaraignes ne nous causent aucun préjudice, puisqu'elles ne creusent pas de galeries, mais profitent simplement des fissures naturelles du sol. On ne peut leur reprocher de couper les racines, de bouleverser le terrain comme le font les taupes ; et cependant, encore plus peut-être que ces dernières, elles sont l'objet de l'exécration générale. On croit faire bonne œuvre en les écrasant toutes les fois que l'occasion s'en présente.

Comment un animal si petit, si grâcieux, si utile, a-t-il pu s'attirer à ce point la haine de l'homme ? Nous avons encore ici, mes enfants, un exemple de la sottise où nous entraîne l'habitude d'accepter la première idée venue sans chercher à la contrôler par les lumières de l'observation et de la raison. On prétend que la musaraigne mord les chevaux aux pieds et leur fait des blessures incurables. Mais, bonnes gens, la musaraigne, dont la tête est au plus grosse comme un pois, peut-elle mordre un cheval et lui happer le cuir, épais d'un doigt et plus ! — La musaraigne, dit-on encore, est venimeuse, même pour l'homme. Je vous ai, dans le temps, mes amis, raconté l'histoire de la vipère ; vous savez quelles sont ses armes : deux longues dents creuses qui introduisent dans la blessure une goutte de venin. Eh bien, je vous l'affirme en toute certitude, la musaraigne n'a rien de l'arme de la vipère ; elle n'a pas ses crochets, elle n'a pas son réservoir à venin, elle est complètement inoffensive pour l'homme et pour le cheval. Les insectes seuls ont à redouter ses fines dents, non qu'elles soient empoisonnées d'une façon quelconque, mais parce qu'elles les croquent très-bien.

Je crois entrevoir la cause qui a valu à la musaraigne la réputation d'être venimeuse. L'élégante créature se parfume et sent assez fortement le musc. Le chat, la prenant pour une souris, lui fait parfois la chasse ; mais rebuté par son odeur, il ne la mange jamais. Les premiers qui ont constaté ce fait se sont dit sans plus ample informé : Puisque le chat n'ose la manger, la musaraigne est venimeuse. Depuis lors, dans la campagne, l'idée fausse se transmet sans que nul songe à y regarder de plus près ; et la pauvre musette, auxiliaire des plus irréprochables, périt victime de la stupidité de l'homme dont elle garde le jardin.

XI. — Un exploit de Jean le Borgne.

Ce jour-là Jean le Borgne avait pris un hibou dans son grenier. Il venait de clouer l'oiseau vivant sur le portail de sa maison, comme un bandit de la pire espèce qu'il convenait d'exposer à la risée de tous et de laisser sécher sur place pour servir d'épouvantail. Jean était tout fier de son exploit ; il riait au cliquetis de bec, au désespéré roulement d'yeux de la bête crucifiée ; les contorsions grimaçantes de l'oiseau, les soubresauts des ailes percées de gros clous, les accès de rage impuissante des serres crispées le mettaient en belle humeur.

Les enfants du quartier, cruels sans conscience, comme on l'est à leur âge, plus cruels encore quand l'homme en donne le triste exemple, s'étaient attroupés devant le portail et riaient aussi des tortures du hibou. Jean leur raconta que sa voisine, la vieille Annette, était morte, il y avait deux semaines, parce que le hibou était venu, trois fois de file, chanter sur le toit de sa maison. Ces bêtes-là, disait-il, sont des oiseaux de malheur ; ça va dans les églises boire, la nuit, l'huile des lampes, ça va sur le toit des malades prédire leur mort, ça se réjouit dans un trou du clocher quand sonne le glas pour un enterrement. — Les enfants étaient terrifiés.

Regarde, disait le plus jeune en se serrant contre son frère, comme le hibou nous menace avec ses gros yeux rouges ; il doit être bien méchant.

Il est si laid, disait un autre, faisons-lui bien du mal. Cela lui apprendra de se réjouir de la mort des gens et de boire l'huile des saintes lampes. Jean, crevez-lui les yeux de ce bâton pointu puisqu'il nous regarde méchamment ; mettez-lui ce morceau de verre entre les griffes, il se coupera lui-même les doigts.

Et chacun jetait son injure au patient, chacun s'ingéniait à trouver un raffinement de tortures. Louis vint à passer. On l'appela pour assister au supplice. Plus accessible à la pitié que ses camarades, depuis surtout qu'il fréquentait la maison de l'oncle Paul, Louis détourna les yeux de cet affreux spectale et pria Jean d'achever l'oiseau, au lieu de le faire agoniser dans d'horribles ortures. Ne pouvant l'obtenir, il s'en alla le cœur navré.

Comme il s'en retournait, une parole de Paul lui revint en esprit, parole dite au sujet des chauves-souris : Quand la foule ignorante s'accorde à dire d'une chose que c'est noir, il convient de s'informer d'abord si par hasard ce ne serait pas blanc. — Voilà Jean, se dit-il, Jean le Borgne connu dans le pays pour sa crasse ignorance ; il n'a jamais ouvert un livre et s'en fait gloire, il est incapable de mettre son nom par écrit sur le papier, il se refuse avec un entêtement de mulet à toute bonne idée. Il ameute en ce moment les enfants contre le misérable hibou qu'il vient de clouer sur son portail ; pour donner un semblant de raison à sa barbarie, il leur raconte que c'est l'oiseau des cimetières, l'oiseau funeste qui porte malheur aux gens. A son dire, le hibou est une bête malfaisante, pleine de malice, qui ne mérite aucune pitié. Il faut se venger de sa scélératesse, le bien faire souffrir pour servir d'exemple aux autres, le détruire sans miséricorde. Et si par hasard c'était tout le contraire, si le hibou était un animal inoffensif, très-utile même et digne de notre protection? Il faudra s'en informer.

Le soir, chez l'oncle Paul, ce fut sa première demande. A la description que Louis en fit, Paul eut bien vite reconnu l'oiseau.

PAUL. — L'oiseau que Jean a cru devoir clouer vivant sur son portail est la *Chouette des clochers*, autrement dit l'*Effraie*. La malheureuse créature ne méritait en rien l'affreux traitement qu'on lui a fait subir. Je la plains d'être tombée entre des mains rendues cruelles par l'ignorance. Bête et méchant, dit-on ; et c'est très-juste. Qui ne sait pas est froidement cruel ; il est féroce s'il obéit à de sottes idées. Des bruits extravagants ont cours peu favorables à l'effraie ; Jean les répétait, les tenant d'un autre et les transmettait à son tour aux polissons qui voulaient crever les yeux de l'oiseau. Il est faux que l'effraie s'introduise dans les églises pour boire l'huile de la lampe qui veille nuit et jour au sanctuaire, il est faux qu'elle se réjouisse quand tinte le glas d'un trépassé, il est faux que son chant sur le toit d'une maison annonce la mort prochaine de l'un de ses habitants. Sont faux tous les récits sur son influence maligne, sur ses lamentables présages, et c'est abdiquer le sens commun que d'ajouter la moindre foi à des contes aussi absurdes. Nos destinées, mes enfants, sont entre les mains de Dieu; lui seul connaît notre avenir, lui seul sait notre dernière heure. Prenons en pitié les faibles d'esprit qui croient la chouette en possession du redoutable secret de notre fin ; plaignons-les, mais au grand jamais ne faisons à la raison l'injure de croire qu'un hibou, exprimant à sa manière sur un toit sa joie d'avoir pris une souris, annonce de sa voix lugubre les inexorables décrets du destin. Les neveux de l'oncle Paul ne doivent pas s'arrêter davantage à de pareilles superstitions. Passons.

Que diriez-vous de Jean s'il s'était avisé de faire expirer son chat, cloué au portail par les quatre pattes.

Louis. — Je dirais qu'il a perdu la tête, et que si jamais les rats le mangent, il le mérite bien.

Paul. — Ce que vous lui avez vu faire revient à peu près au même : il torturait un des meilleurs destructeurs de souris, oiseau par sa structure, chat par ses mœurs. L'effraie s'était introduite dans le grenier pour défendre contre les rats les sacs de blé du pauvre homme, qui, dominé par des haines superstitieuses et ignorant les services rendus, s'est empressé de clouer sur sa porte le précieux oiseau.

Par quel singulier travers d'esprit sommes-nous tous, en général, portés à détruire les animaux qui nous viennent le mieux en aide ? Presque tous nos auxiliaires sont persécutés. Il faut que leur bonne volonté soit bien ferme pour que nos mauvais traitements ne les aient pas à tout jamais éloignés de nos demeures et de nos cultures. Les chauves-souris nous délivrent d'une foule d'ennemis, proscrites ; la taupe et la musaraigne purgent le sol de sa vermine, proscrites ; le hérisson fait la guerre aux vipères, aux vers blancs, proscrit ; la chouette et les divers oiseaux de nuit sont de fins chasseurs de rats, proscrits ; d'autres, dont je vous parlerai plus tard, font pour nous un travail des plus utiles, proscrits, toujours proscrits. Ils sont laids, dit-on ; et sans autre raison, on les tue. Mais aveugles tueurs, à la fin des fins comprendrez-vous que vous sacrifiez vos propres défenseurs à des répugnances que rien ne motive ! Vous vous plaignez des rats et vous clouez la chouette sur votre porte, vous laissez sécher au soleil sa carcasse, hideux trophée ; vous vous plaignez des vers blancs et vous écrasez la taupe chaque fois que la bêche l'amène au jour ; vous éventrez le hérisson, vous ameutez contre lui vos chiens uniquement pour rire ; vous vous plaignez des ravages des teignes et des alucites dans vos greniers, et si la chauve-souris vous tombe sous la main rarement vous lui faites grâce ; vous vous plaignez, et tous tant qu'ils sont pour vous défendre vous les traitez en maudits ! Pauvres aveugles, tueurs bien mal inspirés !

Dans son intérêt seul, Jean vient de faire une pitoyable besogne, plus pitoyable encore eu égard aux souffrances imposées à l'oiseau. Il n'est pas d'un homme, mais d'une brute, de prendre plaisir à torturer un animal. C'est acte impie, hautement réprouvé par la morale; l'ignorance l'explique, mais ne peut l'excuser. L'animal serait-il nuisible, débarrassons-nous-en par la mort, mais gardons-nous de jamais songer à susciter d'inutiles douleurs, à faire souffrir dans le but seul de faire souffrir. Ce serait dessécher en nous un des plus nobles sentiments, la compassion ; ce serait éveiller de féroces instincts, qui trop souvent mènent aux épouvantables conséquences du crime. Qui se complaît à torturer les bêtes ne peut compatir aux misères de ses semblables; c'est un cœur dur, enclin au mal. Que je vous plains, pauvres enfants, qui assistiez rieurs à l'affreux supplice de l'effraie, et excités par l'exemple de l'homme, vous apprêtiez à crever les yeux du misérable oiseau ; que je vous plains ! Veillez-y, que vos parents y veillent : il y a en vous de la graine de mauvais sujet.

XII. — Les Oiseaux de proie nocturnes.

Paul. — L'effraie, la chouette, le duc, le hibou et autres espèces pareilles, sont connus sous le nom général d'oiseaux de proie nocturnes. On les dit oiseaux de proie, parce qu'ils vivent du produit de leurs chasses, consistant surtout en rongeurs, rats, souris, mulots et campagnols. Ils sont parmi les oiseaux ce que le chat est parmi les mammifères : des acharnés destructeurs de ce petit gibier à poil dont la souris est pour vous l'exemple le plus familier. Le langage a depuis longtemps consacré cette analogie de mœurs par l'expression de *chat-huant* appliquée à quelques-uns d'entre eux. Ce sont des chats pour la manière de vivre, des chats qui volent, des chats qui *huent*, c'est-à-dire jettent des cris pareils à de plaintifs hurlements. Ils sont nocturnes; en d'autres termes, ils se tiennent blottis le jour dans quelque obscure cachette, d'où ils ne sortent que le soir pour chasser au crépuscule et aux clartés de la lune.

Leurs yeux sont très-grands, ronds et se présentent tous les deux de face au lieu d'être placés sur l'un et sur l'autre côté de la tête. Une large couronne de fines plumes les entoure. La nécessité de ces yeux énormes est motivée par leurs habitudes nocturnes. Ayant à trouver la nourriture au milieu d'une très-faible clarté, ils doivent, pour y voir distinctement, recevoir le plus de lumière qu'il soit possible, ce qui exige des yeux largement ouverts.

Mais cette ampleur des organes de la vue, si favorable de nuit, leur est un grave embarras au milieu des vives clartés du jour. Ebloui, aveuglé par les rayons du soleil, l'oiseau des ténèbres se tient dans quelque cachette d'où il n'ose plus sortir. S'il est contraint de la quitter, il le fait avec une extrême circonspection, crainte de se heurter. Son vol hésite, son essor est court et lent. Les autres oiseaux, ceux du plein jour, s'apercevant de sa gêne et de sa peureuse gaucherie, viennent à l'envi l'insulter. Le rouge-gorge et la mésange accourent des premiers, suivis du pinson, des merles, des geais, des grives et de bien d'autres. Perché sur quelque branche, l'oiseau de nuit répond aux agresseurs par un grotesque balancement de corps; il tourne de çà et de là sa grosse tête d'un air ridicule, il roule ses yeux effarés. Vaines menaces. Les plus petits, les plus faibles sont les plus ardents à le tourmenter; on l'assaille à coups de bec, on le plume sans qu'il ose se défendre.

EMILE. — Voyez-vous cela, la mésange taquine et le pétulant rouge-gorge qui viennent se moquer du hibou aveuglé par le soleil. Et dans quel but, s'il vous plaît, ces bravades des petits oiseaux ?

PAUL. — Dans le but de se venger un peu d'un ennemi. Il arrive au hibou de les croquer pendant la nuit, sans plus de scrupule que s'ils étaient de vulgaires souris.

Aussi quelle fête pour le petit peuple ailé quand, de fortune, l'oiseau nocturne s'égare en plein jour! Les coups de bec tombent dru comme grêle sur le dos du patient; on l'assourdit de huées, de cris de victoire, de moqueurs caquetages. Le rouge-gorge lui tire une plume, la mésange le menace aux yeux, le geai lui bavarde des injures. Tout le bocage est en émoi. Mais gare que la nuit approche, le courage va mollir aux plus hardis. Ces mêmes petits oiseaux qui viennent pendant le jour provoquer le hibou avec tant d'audace et d'opiniâtreté, le fuient et le redoutent dès que l'obscurité lui permet de se mettre en mouvement et de faire usage de ses armes, fortes serres et bec crochu.

Emile. — Le rouge-gorge fait bien de se garer de devant quand le hibou voit clair; il paierait cher la témérité de lui tirer une plume.

Paul. — A cause de l'ampleur de leurs yeux, il faut aux oiseaux de proie nocturnes une lumière douce comme celle de l'aurore et du crépuscule. Ils quittent donc leurs retraites, pour chercher la proie, au commencement ou à la fin de la nuit. Ils font alors chasse fructueuse, car ils trouvent les petits animaux endormis ou sur le point de s'endormir. Les nuits où la lune brille sont pour eux les plus propices, nuits de joie et de bombance, pendant lesquelles ils chassent longtemps et s'approvisionnent de riches victuailles. Mais si la lune fait défaut, ils n'ont guère qu'une heure le matin et une heure le soir pour chercher leur nourriture. Des chasses de si peu de durée les exposent à de longs jeûnes. Aussi comme ils s'en donnent, comme ils se gorgent quand le gibier abonde.

Emile. — Ils sont bien nigauds de jeûner; à leur place, je chasserais toute la nuit, même quand la lune ne donne pas.

Paul. — Vous donnez ce conseil au hibou parce que vous le croyez capable de voir clair dans la nuit la plus noire. C'est là une erreur. Voir, ce n'est pas précisément diriger nos regards vers les objets vus, c'est recevoir dans nos yeux la lumière envoyée par ces objets. Dans la vision, rien ne s'échappe de nous; tout vient de la chose vue. En prenant les mots dans leur acception naturelle nous ne lançons pas nos regards vers l'objet considéré; c'est l'objet lui-même qui lance vers nous sa lumière. s'il n'en envoie pas, il est par cela même invisible. Ce que je vous dis là de l'homme s'applique mot pour mot à tous les animaux. Aucun, absolument aucun, ne voit en l'absence totale de lumière.

LOUIS. — J'ai toujours cru que les chats voyaient dans la plus complète obscurité.

PAUL. — D'autres le croient pareillement, mais bien à tort. Pas plus lui qu'un autre n'est capable de distinguer les objets si la lumière manque totalement. Il a sur nous, je le reconnais, un avantage. Ses grands yeux, dont il peut rétrécir et fermer presque l'ouverture quand il se trouve exposé à une vive lumière qui l'offusquerait par son abondance, ou l'agrandir pour recevoir en plus grande quantité les faibles clartés répandues dans un endroit obscur; ses grands yeux, dis-je, lui permettent de se guider en des lieux où, pour notre vue moins bien avantagée, ne règnent que ténèbres impénétrables. Mais ce sont en réalité d'incomplètes ténèbres, où le chat trouve le peu de lumière qui lui suffit. Si la lumière fait totalement défaut, le chat en vain écarquille les yeux: il n'y voit plus, ce qui s'appelle plus. Sous ce rapport, les oiseaux nocturnes ne diffèrent pas du chat. Leurs grands yeux, faits pour voir dans une clarté douce, cessent de voir quand la nuit est bien close.

Suivons l'oiseau dans son expédition nocturne. Le moment est propice, l'air est calme, la lune brille; la chasse commence, débutant par un lugubre cri de guerre. A cette voix abhorrée, la mésange se croit à peine en sûreté au plus profond du creux de son arbre, le rouge-gorge tremble sous l'épaisse feuillée, le pinson perd la tête de frayeur. Dieu des faibles, Dieu des petits oiseaux protégez-les; faites que le hibou ne les voie pas, tout frémissant encore des injures du jour! Que votre saint nom soit béni, l'oiseau rapace se dirige ailleurs! Il évite le bocage; il rase la plaine nue, les guérets, la prairie; il inspecte les sillons où se tapit le mulot, les pelouses herbues où le campagnol se terre, les masures où trottinent les souris et les rats. Son vol est silencieux, son aile molle fend l'air sans le moindre bruit pour ne pas donner l'éveil aux victimes. Cet essor muet, il le doit à la structure des plumes, soyeuses et finement divisées. Rien ne trahit sa subite venue, la proie est saisie avant même de s'être doutée de la présence de l'ennemi. Une ouïe d'une rare subtilité l'avertit lui, au contraire, de tout ce qui se passe à la ronde; ses larges et profondes oreilles perçoivent le simple frôlement d'un campagnol sous l'herbe. Qu'un mulot vienne à ronger un brin de racine, un grain de froment, et au seul bruit des incisives, l'oiseau nocturne est déjà là.

La proie est saisie avec deux robustes serres chaudement gantées de duvet jusqu'à la racine des ongles. Quatre doigts la composent, trois d'habitude dirigés en avant et un en arrière; mais par un privilége propre aux oiseaux de proie nocturnes, l'un des doigts antérieurs est mobile et peut se porter en arrière, de façon que la serre se partage en deux couples d'égale puissance lorsque l'oiseau veut saisir, comme dans un étau, la branche sur laquelle il perche ou la victime qui se débat (*fig.* 24). Un coup de bec brise la tête de l'animal capturé. Ce bec est court, très-crochu. Les deux mandibules jouissent d'une grande mobilité qui leur permet, en frappant l'une contre l'autre, de faire entendre un craquement rapide, un cliquetis

Fig. 24. — Tête et serres d'un oiseau de proie nocturne.

par lequel l'oiseau exprime sa colère ou sa frayeur. Elles se distendent au moment d'avaler, elles s'ouvrent en un orifice horrible, suivi d'un gosier d'une excessive ampleur. Quand elles baillent en plein, la proie, d'abord pétrie entre les griffes, disparaît en entier, comme dans un gouffre. Tout y passe, os et bourre. Il ne reste rien des mulots, pas même le poil. Rarement une proie suffit et la chasse continue. Quelques souris vont rejoindre le mulot, toujours tuées d'un coup de bec sur la tête, toujours avalées en un seul morceau. Si quelques gros scarabées se présentent, l'oiseau ne les dédaigne pas. C'est une bouchée petite, mais de saveur relevée, épicée d'aromates particuliers qui feront office de digestif. Enfin repu, le hibou regagne son gîte, creux de rocher, tronc caverneux, trou de masure.

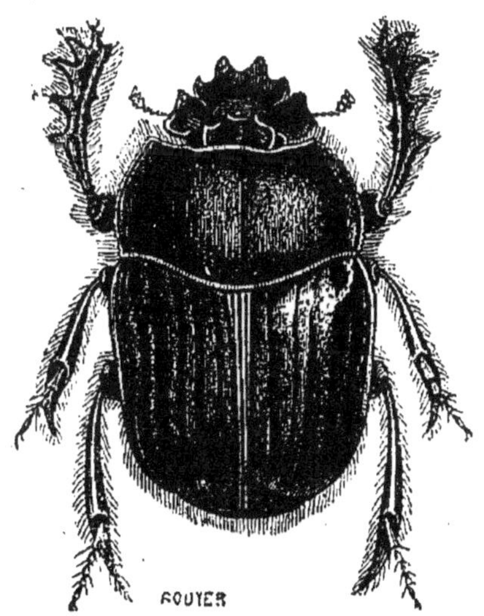

Fig. 25. — Scarabée sacré.

Maintenant se fait la haute cuisine de la digestion. Immobile au fond de sa paisible solitude, l'oiseau clôt doucement les paupières, il se remémore les bons coups qu'il vient de faire, il en médite d'autres pour le lendemain, il se recueille, il sommeille. Cependant l'estomac travaille. De la nourriture avalée sans triage aucun, deux parts sont à faire : la part vraiment nutritive et la part de nulle valeur. Avec le liquide dissolvant qui suinte de sa paroi, l'estomac désosse, écorche et fait la minutieuse séparation. La chair fluidifiée disparaît pour devenir du sang ; une masse informe reste, composée des peaux retournées et garnies de tous leurs poils, des os aussi nets que s'ils avaient été raclés au couteau, des carapaces de scarabées vidées de leur contenu. Cette masse encombrante ne s'engagerait pas sans danger dans les voies digestives. Comment fera l'oiseau pour s'en débarrasser? Attendons. — Ah! voici que le hibou s'éveille. Des haut-le-corps grotesques dénotent une anxiété d'estomac, les efforts redoublent, quelque chose remonte le long du cou tendu, le bec s'ouvre, c'est fait : une pelote roule à terre, comprenant les peaux, les os, les élytres, les poils, les plumes, enfin toutes les matières sur lesquelles la digestion n'a pas de prise. Tous les oiseaux de proie nocturnes ont cette abjecte manière de se libérer l'estomac ; ils vomissent en boulettes le résidu de leur proie avalée entière. Si jamais vous en avez l'occasion, examinez les abords du domicile d'un hibou ; les pelotes de petits os et de bourre vous diront de combien de souris, de combien de rongeurs de toute espèce, ces oiseaux nous délivrent.

Louis. — Mais j'en ai vu de ces pelotes, j'en ai vu dans le voisinage d'un rocher tout blanchi de fiente d'oiseau.

Paul. — Quelque hibou avait là certainement son domicile. La fiente blanche et les pelotes étaient de lui.

XIII. — Les Rats.

Paul. — Revenons un moment aux rongeurs, habituelle proie des oiseaux nocturnes. Vous êtes loin de les connaître tous, et il nous importe de ne pas les ignorer, car si quelques-uns nous sont utiles, comme le lièvre et le lapin, d'autres, en plus grand nombre, nous sont très-nuisibles. Vous vous rappelez ces deux paires d'incisives, si longues, si tranchantes, dont je vous ai parlé au sujet de la mâchoire du lapin. Tous les rongeurs en pos-

Fig. 26. — Le Lièvre.

sèdent de pareilles. Pour les maintenir bien aiguisées et les empêcher de s'entrecroiser en s'allongeant, ce qui mettrait désormais l'animal dans l'impossibilité de s'alimenter, le rongeur doit les user par un frottement continuel à mesure qu'elles poussent. Ces terribles incisives n'ont pour ainsi dire pas de repos ; il leur faut toujours quelque chose à grignoter, n'importe quoi, n'importe l'heure. Aussi le mal qu'elles nous font est bien au-dessus de ce que pourrait faire imaginer la taille de l'animal. Que faut-il de réelle nourriture à une souris ? Bien peu sans doute : la souris est si petite, une noix la rend toute ronde. N'allez pas croire cependant que le dégât d'un jour se borne à une noix. Après la noix mangée, un sac est percé, une étoffe est mise en pièces, un livre est rongé, une planche est trouée, rien que pour aiguiser les dents. Les dégâts que le rat et la souris font dans nos habitations, d'autres les font dans les champs. Tous ces infatigables destructeurs, il faut les connaître.

JULES. — Pour ma part, je ne connais pas le mulot et le campagnol dont vous avez prononcé les noms dans l'histoire des oiseaux nocturnes.

EMILE. — Moi, je connais le rat et la souris, pas plus.

PAUL. — Et encore je doute fort que vous sachiez bien ce que c'est que le rat. Je commencerai par lui.

Le *Rat ordinaire ou Rat noir* (*fig.* 27) est, pour la taille, plus du double de la souris. Son pelage est noirâtre en dessus, cendré en dessous. Il habite les greniers, les toits de chaume, les masures abandonnées. S'il ne trouve pas de gîte à sa convenance, il se creuse lui-même un terrier. Il est d'origine étrangère; on le croit venu de l'Asie à la suite des armées qui avaient pris part à l'expédition des croisades. Aujourd'hui le rat ne fait plus guère parler de lui dans nos pays; un autre rongeur étranger nous est venu, le surmulot, qui, plus fort que le rat, a fait à ce dernier une guerre d'extermination et a fini par en détruire à peu près l'espèce. Nous n'avons rien gagné au change, tout au contraire, le surmulot est bien plus à redouter. Le vrai rat, le rat noir, est donc maintenant assez rare, là surtout où le surmulot abonde; voilà pourquoi je doute qu'aucun de vous le connaisse. Ce que vous appelez rat est la plupart du temps un surmulot. N'oubliez pas sa couleur noire, et vous reconnaîtrez sans peine le véritable rat.

La *souris* vous est bien plus familière. Elle est connue de tout temps et de tout le monde. Ai-je besoin de vous décrire ce petit rongeur, vif et rusé, timide à l'excès, qui rentre dans son trou à la moindre alerte?

JULES. — Nous connaissons tous bien la petite souris.

PAUL. — Le *Surmulot* ou *Rat d'égoût* est le plus grand et le plus redoutable de tous les rats qui vivent en Europe. Il atteint jusqu'à trois décimètres de longueur, sans compter la queue, qui est écailleuse comme celle de la souris et un peu moins longue que le corps. Une

5.

Fig. 27. — Le Rat noir.

fois toute sa vigueur acquise, il est de force à tenir tête au chat. Sa présence en Europe remonte seulement au milieu du XVIIIe siècle; il paraît avoir été amené de l'Inde dans la cale des navires, que d'habitude il infeste. Il est maintenant répandu dans toutes les parties du monde. Son pelage est brun roussâtre en dessus, cendré en dessous. Le nom de surmulot lui a été donné à cause de sa ressemblance avec le mulot, qu'il dépasse de beaucoup en dimension.

Les surmulots fréquentent les magasins, les celliers, les égoûts, les dépôts d'ordures, les établissements d'équarrissage. Tout est bon pour ces bêtes immondes et audacieuses, dont la dent vorace ose même attaquer l'homme endormi. Dans les grandes villes, ils se multiplient au point de causer de sérieuses appréhensions. Aux environs de l'établissement d'équarrissage de Montfaucon, à Paris, le sol est tellement miné par leurs innombrables terriers, que des maisons menacent de s'effondrer sur ce terrain sans consistance. Pour les préserver de la ruine, il faut en protéger les fondements contre l'attaque des rats, au moyen d'une profonde ceinture de tessons de bouteille.

JULES. — Par quoi donc sont-ils attirés si nombreux en ces lieux?

PAUL. — Par la nourriture abondante, par les cadavres des chevaux abattus. En une nuit, s'ils sont abandonnés dans les cours de l'établissement, les chevaux morts sont rongés jusqu'aux os. Pendant les fortes gelées, si l'on néglige d'enlever la peau à temps, les surmulots s'introduisent dans le cadavre, s'y établissent, en rongent toute la chair, et lorsqu'au dégel les ouvriers se mettent à écorcher la bête, ils ne trouvent au-dedans de la peau qu'une nuée de rats grouillant entre les os d'une carcasse blanchie.

EMILE. — N'a-t-on pas des chats pour se défendre?

PAUL. — Des chats! Les surmulots les mangeraient vivants, mon ami, et ce serait bientôt fait. On a mieux, on a des chiens, des terriers et des boule-dogues, qui les traquent dans les égoûts avec une étonnante adresse et leur cassent les reins d'un coup de dent. Le boule-dogue, voilà le chat qu'il faut à de pareilles souris. La battue dans les égoûts doit d'ailleurs se renouveler souvent, les surmulots se multiplient avec une effrayante rapidité, et si l'on n'y veillait, tôt ou tard la ville serait compromise; l'horrible bête, forte de son nombre, mangerait Paris. En quelques jours, c'était en décembre 1849, deux cent cinquante mille rats détruits furent le résultat d'une battue.

Dans la campagne, le surmulot fréquente les bords des ruisseaux mal propres; il pénètre dans les cuisines par le trou de l'évier, il s'introduit dans les poulaillers et les garennes en minant les murailles. Il hante les caves et les écuries, mais rarement il gagne les greniers élevés, à cause sans doute de sa prédilection pour les immondices liquides, ordures qu'il ne peut trouver que dans les bas-fonds. Il s'attaque aux œufs et aux jeunes poulets; il pousse même l'audace jusqu'à saigner la grosse volaille et les lapins. Si la nourriture animale, sa nourriture préférée, lui manque, il mange des grains et des légumes de toute nature. Aucune provision n'est respectée par cet immonde goulu. Pour s'en débarrasser, il ne faut guère compter sur le chat, qui, le plus souvent, n'ose l'attaquer; les oiseaux de proie nocturnes, excepté le grand duc toujours très-rare, ne sont pas de force non plus à lutter avec lui. Il ne nous reste que la ressource du piége et du poison.

Le *mulot (fig.* 28) est un peu plus gros que la souris. Son pelage, assez semblable à celui du surmulot, est brun roussâtre en dessus et blanc en dessous. Ses yeux sont grands et proéminents, les oreilles noirâtres, les pattes blanches. La queue, très-longue comme celle de la souris, est légèrement velue, noire dans la moitié supérieure, blanchâtre dans la moitié inférieure. Le mulot fréquente les bois, les haies, les champs, les jardins. Il coupe les tiges des céréales pour atteindre l'épi, dont il gruge quelques grains et disperse les autres sans profit; il déterre la semaille pour s'en nourrir; il ronge les jeunes pousses qui viennent de lever, l'écorce des arbustes, les plants de légumes. Ses dégâts sont d'autant plus à craindre, qu'il amasse des provisions pour les temps de

Fig. 28. — Le Mulot.

disette. Dans des cachettes creusées à plus d'un pan sous terre, au pied d'un arbre ou d'un rocher, il entasse du grain, des noisettes, du gland, des amandes, des châtaignes, qu'il va parfois chercher assez loin. Une cachette ne lui suffit pas, il lui en faut plusieurs, car il est sujet à oublier étourdiment le point où son trésor est enfoui.

Dans la mauvaise saison, les mulots se rapprochent de nos demeures, ils s'introduisent dans les celliers où l'on conserve des fruits et des légumes; ou bien ils s'établissent par nombreuses bandes au sein des meules de blé.

Le *Rat nain* ou *Rat des moissons* est le plus petit des rongeurs de France. C'est une gracieuse créature, moindre que la souris, d'un fauve jaunâtre, plus vif sur la croupe et sur les joues. Le ventre, la poitrine et le dessous de la tête sont d'un beau blanc. La queue et les pieds sont d'un jaune clair; les oreilles, qui dépassent peu les poils de la tête, sont arrondies et velues; les yeux sont proéminents. Le rat nain vit exclusivement dans les champs de céréales et se nourrit de grain. Après la moisson, il se réfugie dans les meules de blé, dans celles d'avoine surtout, mais il n'a jamais la hardiesse de pénétrer dans les habitations. Si je vous parle de ce gentil petit rongeur, c'est moins pour lui disputer les quelques grains d'avoine qu'il nous dérobe que pour vous faire connaître son nid.

Les autres rats élèvent leur famille soit dans un trou de rocher ou de muraille, soit dans un terrier creusé exprès. Le rat des moissons dédaigne ces habitudes souterraines, il lui faut le nid aérien des oiseaux. Dans ce but, il rapproche plusieurs tiges de blé encore sur pied, les entrelace avec de la paille en brins et construit, à mi-hauteur des chaumes, un nid comme les oiseaux n'en font pas de plus artistement travaillé (*fig.* 29). Ce nid est rond, tressé de feuilles à l'extérieur, matelassé de bourre à l'intérieur. Il n'y a qu'une petite ouverture latérale par où la pluie ne peut pénétrer. Suspendu à quelques pieds de hauteur, sur le flexible appui des chaumes, il balance au moindre vent.

EMILE. — Comment donc fait le petit rat pour se rendre à son nid ou pour en sortir?

PAUL. — Il grimpe le long d'une tige de blé. Il est si petit, qu'un chaume lui suffit pour l'escalade.

Emile. — Si je rencontre le rat des moissons, je n'aurai jamais le courage de lui faire du mal. Qu'il mange en

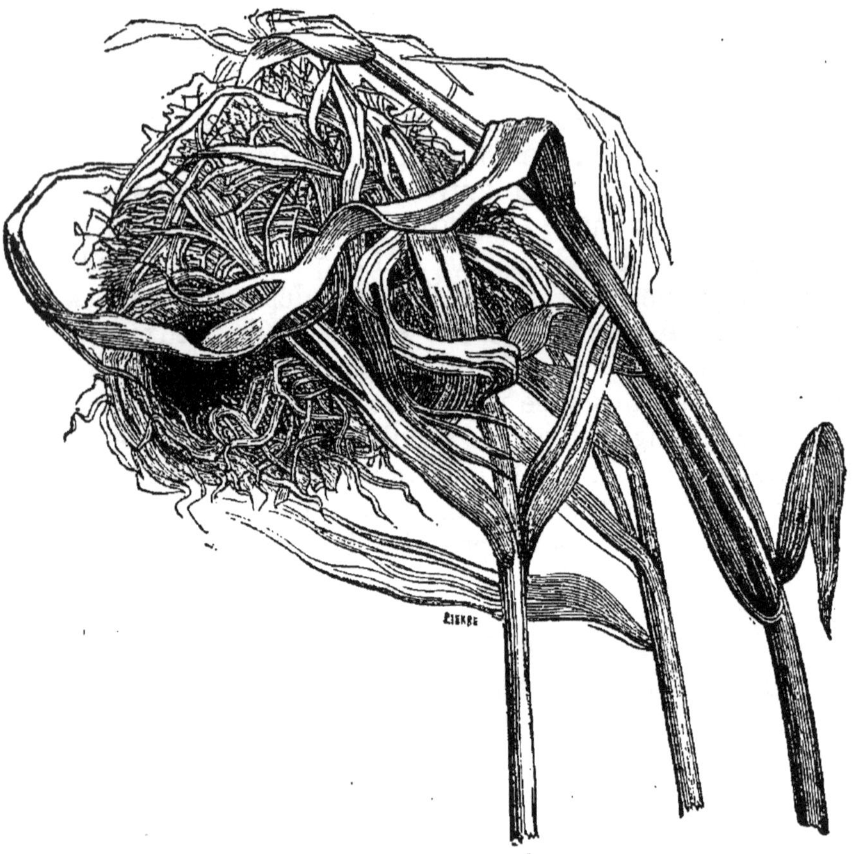

Fig. 29. — Nid du Rat des moissons.

paix l'avoine dans son joli nid, ce n'est pas moi qui la lui plaindrai.

Paul. — Je terminerai là l'énumération des principaux représentants du genre rat dans nos pays. Ils sont au nombre de cinq : le rat noir, la souris, le surmulot, le mulot et le rat des moissons.

XIV. — Campagnols. — Hamster. — Lérot.

PAUL. — Un second genre de rongeurs mérite maintenant de nous occuper; c'est le genre des *Campagnols*, vulgairement confondus avec les rats. Les campagnols se reconnaissent sans peine à leur queue courte, un peu velue.

Le *Campagnol des champs* est de la taille de la souris. Son pelage est d'un jaunâtre mêlé de gris en dessus et d'un blanc sale en dessous. La queue ne fait guère que le quart de la longueur du corps. Les yeux sont gros et proéminents, les oreilles sont rondes, velues et dépassent à peine le poil. La tête est plus grosse, plus obtuse que celle de la souris (*fig.* 30).

Lorsqu'il pullule, le campagnol est des plus redoutables pour l'agriculture. Il ravage surtout les champs de céréales, il coupe les tiges de blé pour en ronger l'épi. Après la moisson, il s'attaque aux racines des trèfles, aux carottes, aux pommes de terre et à d'autres plantes potagères. En hiver, il mine les sillons pour déterrer et manger la semence. Si le sol durci par la gelée ne lui permet pas d'atteindre le grain enfoui, il se retire dans les meules de blé, où il fait de déplorables dégâts. Jamais il ne pénètre dans les habitations. Les campagnols paraissent émigrer d'un pays à l'autre par colonies quand la contrée qu'ils ont ravagée ne peut plus les nourrir; du moins, en certaines années, une fois ou deux en dix ans, ils se montrent brusquement par bandes innombrables, qui sont un fléau pour la contrée visitée. Leurs destructeurs par excellence sont les oiseaux de proie nocturnes, comme le prouvent la présence des crânes, des os et des peaux de campagnols dans les pelotes rejetées par ces oiseaux après le travail de la digestion. Quelques oiseaux de proie diurnes, les buses surtout, en font également curée. Il n'est pas rare de trouver dans le jabot d'une buse jusqu'à dix campagnols et plus.

Le *Campagnol souterrain* est beaucoup plus rare en France. Il diffère du premier par son pelage gris et noi-

Fig. 30. Campagnol des champs.

râtre, par sa taille un peu moins forte, ses yeux très-petits. Il en diffère surtout par les mœurs. Le premier vit dans les champs, surtout dans les champs de céréales ; le second vit dans les prairies et les jardins potagers. Il se nourrit de différents légumes : céleri, artichauts, carottes, pommes de terre, cardons. Rarement on le voit hors de ses galeries. A cause de son habitude de se tenir de préférence sous terre, on l'a nommé le campagnol souterrain.

Le *Campagnol amphibie* est vulgairement connu sous le nom de *Rat d'eau*. On le distingue aisément du rat noir, dont il a les dimensions, par son pelage roux, sa queue courte, à peu près de la longueur de la moitié du corps, sa tête plus large et plus obtuse. Il se creuse des terriers sur la berge des cours d'eau, des fossés, des marais, où il se nourrit principalement de racines, sans dédaigner les petits poissons et les écrevisses quand il peut en faire capture. Il nage et plonge très-bien. Il pénètre quelquefois dans les potagers humides, où il cause les mêmes dégâts que le campagnol souterrain, et dans les jardins fruitiers, où il ronge la base des jeunes arbres.

Le *Campagnol Lemming* ne se montre jamais dans nos régions. Il habite les bords de la mer glaciale, en Norwége et en Laponie. Je vous en dirai quelques mots à cause de ses curieuses migrations, dont notre campagnol des champs nous offre un exemple bien affaibli. Le lemming, avec sa queue très-courte et velue, sa tête grosse, son corps trapu, a toute l'apparence d'un petit lapin. Son pelage est roux, marbré de noir et de brun (*fig* 31).

A l'approche des froids rigoureux, et parfois sans cause apparente, les lemmings abandonnent leur demeure habituelle, la haute chaîne des montagnes de la Norwége, pour entreprendre un long voyage vers la mer. La horde émigrante, composée de myriades d'individus, trottine en ligne droite à travers tous les obstacles sans jamais se laisser détourner du but. En cheminant à la file l'un de l'autre, ils tracent, dit Linné, le grand naturaliste de la Suède, ils tracent des sillons rectilignes, parallèles, profonds de deux ou trois doigts et distants l'un de l'autre

Fig. 31. — Le Campagnol Lemming.

de plusieurs aunes. Ils dévorent tout ce qui gêne leur passage, les herbes et les racines. Rien ne les détourne de leur route. Un homme se met-il sur leur chemin, ils glissent entre ses jambes. S'ils rencontrent une meule de foin, ils la rongent et passent à travers; si c'est un rocher, ils le contournent en demi-cercle et reprennent par delà leur direction rectiligne. Un lac se trouve-t-il sur leur route, ils le traversent à la nage, en ligne droite, quelle que soit sa largeur. Un bateau est-il sur leur trajet au milieu des eaux, ils grimpent par dessus et se rejettent à l'eau de l'autre côté. Un fleuve rapide ne les arrête pas; ils se précipitent dans les flots, dussent-ils y périr tous.

Emile. — Faut-il qu'ils soient têtus de préférer se noyer plutôt que de détourner leur procession de son droit chemin.

Paul. — Les bêtes ont parfois de ces entêtements qui nous semblent inexplicables et qui s'expliqueraient très-bien si nous connaissions les motifs qui les font agir. Peut-être qu'en se détournant de la ligne droite, les lemmings perdraient leur route, une route que rien n'indique, où l'instinct seul les guide. Mais laissons-les poursuivre leur lointain pèlerinage, d'où bien peu reviendront, tant sont nombreux les dangers et les ennemis qui les attendent en chemin; laissons-les franchir fleuves et lacs et revenons aux rongeurs de la France.

Le *Hamster*, très-fréquent dans le centre de l'Europe, ne se rencontre chez nous qu'en Alsace. On le nomme encore *Marmotte de Strasbourg* ou *Cochon de seigle*. Il est à peu près de la grosseur du rat noir, mais son corps est plus trapu. La queue est courte et velue; son poil est roux sur le dos, noir sous le ventre, avec des taches jaunâtres sur les flancs, une tache blanche sous la gorge et une autre à chaque épaule (*fig.* 32).

Les hamsters vivent de racines, de fruits, mais surtout de grains, dont ils font des provisions considérables. Chacun se creuse un terrier composé de plusieurs chambres dont la plus spacieuse sert de grenier d'abondance. Là s'entassent, pour les temps de disette, seigle et froment, fèves et pois, vesces et graines de lin. Comme l'avare, le hamster thésaurise; il amasse bien au-delà de ses besoins et pour la seule satisfaction d'amasser. Dans

Fig. 32. — Le Hamster.

tel de ses silos, on trouve jusqu'à cent kilogrammes de vivres. Que peut faire de tant de richesses un animal pas plus gros que le poing? L'hiver arrive; le hamster s'enferme chez lui ; ayant le vivre et le couvert assurés, il devient gros et gras. Puis, si le froid est rigoureux, il s'endort comme la marmotte.

Emile. — Et les cent kilogrammes de grains amassés un à un?

Paul. — Ils se détériorent sans profit; mais peu importe au hamster, qui recommence l'année suivante. Son métier à lui est avant tout de ravager les champs, comme le prouve son tas de grains hors de toute proportion avec ses besoins. Il amasse pour détruire encore plus que pour s'assurer le manger. Aussi fait-il exception parmi les animaux hibernants. Au sein de l'abondance, si l'hiver est trop rude, il est pris du même engourdissement qui sauvegarde le hérisson et la chauve-souris de la mort par famine. Ce terrible emmagasineur n'a pas même pour lui l'excuse du besoin. Heureuses les provinces qui n'ont pas à lui payer un tribut. Passons à d'autres rongeurs.

Jules. — Il y en a donc toujours de ces voraces bêtes?

Paul. — Ils sont un peu comme les insectes : quand il n'y en a plus, il y en a encore. Le monde semble avoir été livré en pâture aux mandibules de la larve et aux incisives des rongeurs.

Les espèces du genre *Loir* vivent dans les bois et les vergers, et se nourrissent de fruits. Ces rongeurs ont la prestesse, l'élégance de forme, la riche fourrure de l'écureuil. Ils se retirent dans les cavités des arbres et dans les trous de mur ou de rocher. Pendant l'hiver, alors que les fruits manquent, ils sont pris d'un sommeil léthargique.

Le *Loir Glis* ou *Loir proprement dit*, habite la Provence et le Roussillon. C'est un joli animal qui rappelle assez bien l'écureuil (*fig.* 33). Sa queue est longue et bien fournie de poils ; sa fourrure est d'un brun cendré sur le dos et blanchâtre sous le ventre. De nuit, il dévaste les arbres fruitiers. Il n'y a pas de plus fin connaisseur pour reconnaître les poires, les pêches, les prunes mûres à point. La veille vous avez donné un coup d'œil de satisfaction à vos fruits, vous voulez leur laisser encore une journée de soleil pour les amener à perfection. Le lende-

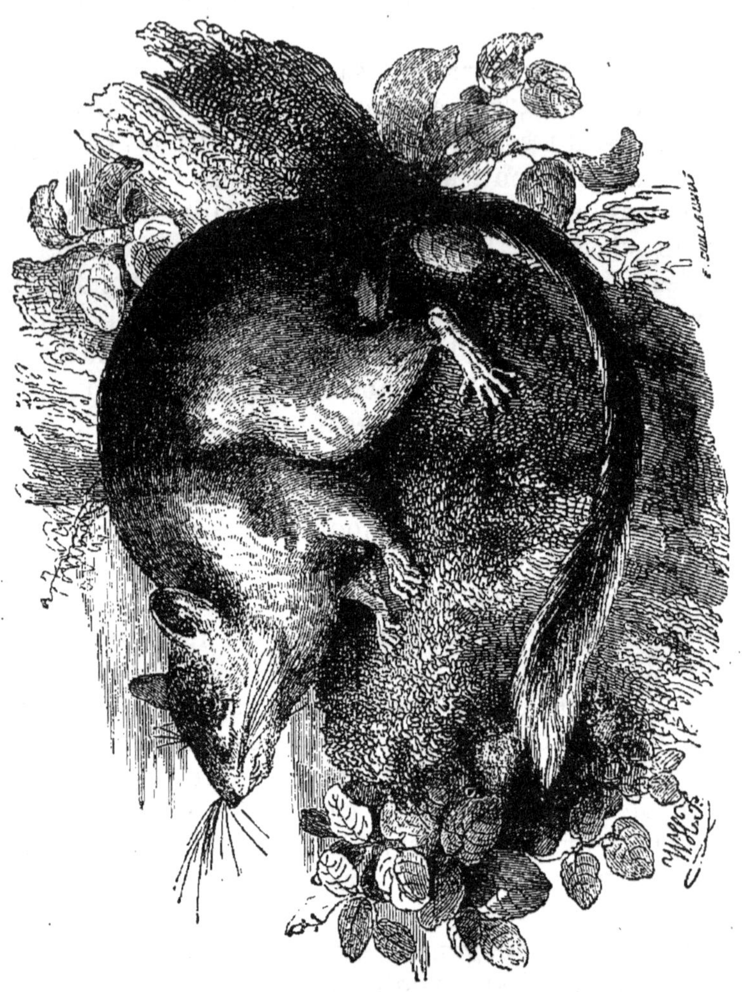

main vous revenez pour les cueillir : il n'y a plus rien, le loir a passé par là.

Le *Loir Lérot* est plus petit, de la taille à peu près du rat noir. Son pelage est agréablement bariolé de roux, de blanc et de noir. Le roux occupe le dessus ; le blanc se montre au ventre, aux quatre patte, aux joues et aux épaules ; le noir entoure les yeux et se continue sur les côtés du cou (*fig.* 34).

Le Lérot est répandu dans toute la France. Il se complaît au voisinage des habitations, et se tient dans les

Fig. 34. — Le Lérot.

jardins, les vignes, les bosquets. Il se nourrit surtout de fruits qu'il gâte en grand nombre, dégustant l'un, dégustant l'autre sans les achever. Pour passer l'hiver, ils se rassemblent plusieurs dans le même trou, où ils s'endorment pêle-mêle, roulés en boule au milieu de provisions de noix, d'amandes et de noisettes qu'ils ont la précaution de faire en temps opportun.

Emile. — Puisqu'ils dorment, ils n'ont pas besoin de provisions.

Paul. — Pardon, mon petit ami : ils en ont besoin et grandement besoin, non alors qu'ils dorment mais à leur réveil. Ce réveil a lieu au premier printemps, quand le soleil commence à devenir chaud. A ce moment de l'année, il n'y a pas encore de fruits ; et les lérots, qui viennent de subir un jeûne de plusieurs mois, doivent avoir un appétit qu'il vous est facile d'imaginer. Que deviendraient-ils, les pauvres, sans leur provision de noisettes !

Emile. — Ils sont bien prudents, ces petits lérots ; ils savent qu'à la fin de leur sommeil d'hiver, ils ne trouveront pas de fruits dans la campagne, et ils s'amassent de quoi manger à ce moment. Pourquoi ne font-ils pas provision de poires et de pommes puisqu'ils aiment tant les fruits ?

Paul. — Parce que les pommes et les poires se gâtent, tandis que les amandes et les noisettes se conservent très-bien.

Emile. — C'est vrai, je n'y songeais pas et le petit lérot y songe.

Paul. — Il n'y songe pas davantage. Il ne sait pas que les poires se gâtent et que les noix se conservent, puisqu'il ne l'a jamais expérimenté ; il ne prévoit pas qu'à son réveil les arbres, loin de porter des fruits, auront à peine leurs premières feuilles ; il ignore combien de temps il lui faudra attendre pour trouver une poire à ronger ; il ne connaît rien de toutes ces choses qu'il va expérimenter peut-être pour la première fois. Un autre y songe pour le lérot et lui inspire la prudence d'amasser des noisettes dans un trou de muraille ; un autre, qui sait tout, prévoit tout, connaît tout. C'est Dieu, père de l'homme, qui plante le poirier; mais père aussi du petit lérot, qui aime tant les poires.

XV. — Les Hiboux.

Paul. — Nous venons de donner un rapide coup d'œil aux divers rongeurs de nos pays, nuisibles aux récoltes. Je passe sous silence le gentil écureuil, ami des noix et de la faîne; l'industrieux castor, espèce dont on trouve quelques rares représentants sur les rives du Rhône; le lièvre et le lapin, que j'abandonne volontiers au plomb du chasseur. Qui protégera les champs contre la dent funeste des autres : rats, mulots et campagnols; qui mettra des limites à leur excessive multiplication? Dans nos demeures, nous avons le chat ; au dehors, nous avons l'armée auxiliaire des chats emplumés, des oiseaux de proie nocturnes. Je diviserai ces derniers en deux catégories pour faciliter le moyen de reconnaître les diverses espèces. Les uns ont la tête armée de deux aigrettes de plumes : ce sont les *Hiboux;* les autres ont la tête dépourvue de cet ornement : ce sont les *Chouettes.*

Le plus fort des hiboux est le *Grand-Duc.* « On le distingue aisément, dit Buffon, à sa grosse figure, à son énorme tête, aux larges et profondes cavernes de ses oreilles, aux deux aigrettes qui surmontent sa tête et sont élevées de plus de deux pouces et demi; à son bec court, noir et crochu; à ses grands yeux fixes et transparents; à ses larges prunelles noires environnées d'un cercle de couleur orangée; à sa face entourée de poils, ou plutôt de petites plumes blanches, décomposées, qui aboutissent à une circonférence d'autres petites plumes frisées; à ses ongles noirs, très-forts et très-crochus; à son cou très-court; à son plumage d'un roux brun taché de noir et de jaune sur le dos; à ses pieds couverts d'un duvet épais et de plumes roussâtres jusqu'aux ongles; enfin à son cri effrayant *hûihoû*, *hoûhoû*, *hoûhoû*, *poûhoû*, qu'il fait entendre dans le silence de la nuit, lorsque tous les animaux se taisent. C'est alors qu'il les éveille, les inquiète, les poursuit et les enlève pour les emporter dans les cavernes qui lui servent de retraite. Il n'habite que les rochers ou les vieilles tours abandonnées et situées sur les montagnes; il descend rarement dans la plaine et ne perche pas volontiers sur les arbres, mais sur les églises écartées et sur les vieux châteaux. Sa chasse ordinaire consiste en jeunes lièvres, lapereaux, mulots et rats, dont il digère la substance charnue et vomit le poil, les os et la peau en pelotes arrondies. Le grand-duc niche dans des cavernes de rochers, ou dans des trous de hautes et vieilles murailles. Son nid a près de trois pieds de diamètre. Il est composé de petites branches de bois sec entrelacées de racines souples, et garni de feuilles en dedans. On ne trouve qu un œuf ou deux dans ce nid, rarement trois. La couleur de ces œufs tire un peu sur celle du plumage de l'oiseau; leur grosseur excède celle des œufs de poule. »

EMILE. — Ces deux espèces de cornes que le grand-duc a sur la tête sont ses oreilles?

PAUL. — Non, mon ami; ce sont des aigrettes de plumes, des panaches qui donnent à l'oiseau une tournure plus belliqueuse. Ses oreilles ne se voient pas; elles sont cachées par le plumage. Elles sont très-larges et profondes; aussi le grand-duc a-t-il l'ouïe d'une rare finesse.

LOUIS. — Le grand-duc mange les mulots et les rats, ce dont je lui suis reconnaissant; mais il mange aussi les levrauts et les petits lapins. N'est-ce pas dommage?

PAUL. — Pour le chasseur, je ne dis pas; pour l'agriculteur, c'est une autre affaire. Le lièvre et le lapin, ne l'oubliez pas, appartiennent à l'ordre des rongeurs; ils ont d'infatigables incisives qui n'épargnent rien dans les champs. S'ils se multipliaient en paix, ils menaceraient sérieusement nos récoltes. L'histoire parle de pays tellement ravagés par les lapins, qu'il fallut envoyer une armée au secours des habitants pour exterminer la dévorante engeance. Nous n'en viendrons jamais là, j'en suis persuadé, mais enfin il n'est pas mauvais que le grand-duc, de concert avec le chasseur, maintienne l'espèce dans de prudentes limites. D'ailleurs l'oiseau est partout fort rare. C'est tout au plus si, dans l'année, un couple vient s'établir sur les montagnes de nos environs. Il faut un terrain de chasse très-étendu à ces gros mangeurs pour ne pas s'affamer l'un l'autre.

Je trouve au grand-duc un tort plus grave. Quand son gibier préféré manque, campagnols, mulots et rats, il se rabat sur les chauves-souris, les couleuvres, les crapauds, les lézards, les grenouilles, et nous prive ainsi de quelques-uns de nos défenseurs. Une fois pour toutes, figurez-vous bien que, s'il y a des auxiliaires irréprochables, il n'en manque pas d'autres qui, à notre point de vue personnel, se rendent coupables de pas mal de méfaits. Rappelez-vous la taupe, qui bouleverse le terrain et coupe les racines pour détruire les vers blancs. Aucun animal

Fig. 35. — Le Grand-Duc.

ne se soucie de l'homme; j'en excepte le chien, notre ami encore plus que notre serviteur; aucun ne se préoccupe de nos intérêts; tous travaillent pour eux et leur famille, rien que pour eux et leur famille. Si leur instinct est de détruire uniquement les espèces qui nous sont nuisibles, rien de mieux : ce sont là des auxiliaires par excellence; mais si leurs goûts les portent à chasser indistinctement les espèces qui nous sont nuisibles et celles qui nous sont utiles, nous devons mettre en balance la somme du bien et la somme du mal qu'ils nous font. Le bien l'emporte-t-il, respectons la bête : c'est un auxiliaire. Est-ce le mal, déclarons-lui la guerre : c'est un ravageur. Le grand-duc traque dans les guérets les redoutables emmagasineurs de grains, mulots et hamsters; dans les jardins, les loirs et les lérots, amateurs de fruits; dans le voisinage de nos maisons, la souris, le rat et même l'horrible surmulot. Voilà le plaidoyer de sa défense. Le chasseur lui reproche quelques lapereaux, broutant en étourdis le serpolet au clair de lune, quelques levrauts dérobés aux honneurs culinaires de la broche ou du civet; je lui fais moi-même un crime de donner en pâture à ses petits le précieux crapaud, l'utile couleuvre, le lézard mangeur de criquets. Voilà le plaidoyer de l'accusation. Mais la balance faite, les services l'emportent sur les méfaits, et je déclare en mon âme et conscience que le grand-duc mérite bien de l'agriculture.

JULES. — Ainsi jugé à l'unanimité des voix.

PAUL. — Le *Hibou commun* ou *Moyen-Duc* ressemble beaucoup au grand-duc, mais il est bien plus petit. Il n'est guère plus gros qu'une corneille, tandis que l'autre a la dimension d'une oie. C'est le plus commun des oiseaux de proie nocturnes dans nos pays. La nuit, pendant la belle saison, il ne cesse de répéter d'un ton gémissant et prolongé son cri *clou*, *cloud*, qui s'entend de très-loin. Lorsqu'il s'envole, il jette une sorte de soupir aigre provenant sans doute de l'air expulsé des poumons par l'effort des ailes au moment de prendre l'essor. De jour, en présence de l'homme et des oiseaux, le hibou prend une contenance étonnée et bouffonne. Il fait craquer le bec, il trépigne des pieds, il tourne sa grosse tête d'un mouvement brusque en haut, en bas, de côté. S'il est attaqué par un ennemi trop fort, il se couche sur le dos et menace des griffes et du bec.

Il habite les édifices ruinés, les cavités des rochers, les troncs d'arbre caverneux. Rarement il se donne la peine de construire lui-même un nid; il préfère restaurer pour son usage le nid abandonné d'une pie ou d'une buse. Il y pond quatre ou cinq œufs blancs et ronds. Je remarquerai, en passant, que les œufs des rapaces nocturnes ne sont pas ovales comme ceux de la poule, mais bien arrondis. Les habitudes de chasse du hibou sont celles du grand-duc : même prédilection pour les rongeurs, mulots, rats, souris et campagnols; mêmes rapts des jeunes lapins, patiemment guettés aux abords du terrier. Passons outre.

Le *Hibou à courtes aigrettes* ou *Grande-Chevêche* rappelle le moyen-duc pour le plumage et les dimensions. Ses deux aigrettes sont très-courtes et rarement l'oiseau les redresse comme le font les deux espèces précédentes. A cause du peu d'apparence de ce signe distinctif des hiboux, la grande-chevêche fréquemment est confondue avec les chouettes, privées de panaches, vous ai-je dit. Cette espèce s'approche peu des habitations; elle préfère les rochers, les carrières, les châteaux ruinés et solitaires. Elle ne fait pas de nid et se contente de déposer dans un trou de muraille ou de rocher, deux ou trois œufs blancs, luisants et arrondis, de la grosseur de ceux du pigeon. Son cri ordinaire est *goût* prononcé d'un ton assez doux; s'il doit pleuvoir, l'oiseau dit *goyou*. Sa principale nourriture consiste en mulots et en campagnols.

Le *Scops* ou *Petit-Duc* (*fig*. 36) est à peu près de la grosseur d'un merle. Son plumage est cendré, mélangé de roux, varié de petites mèches longitudinales noires et de fines lignes transversales grises. C'est le plus petit et le plus gracieux de nos oiseaux de proie nocturnes. Quand elles sont bien dressées sur le front, ses fines aigrettes lui donnent un petit air décidé et batailleur bien en rapport avec son ardeur pour la chasse.

Emile. — Dans la figure, les aigrettes ne sont pas dressées.

Paul. — Non, l'oiseau est représenté dans un de ses moments d'abandon à une douce quiétude; rien ne le préoccupe, rien au dehors n'attire son attention. Il se recueille en lui-même, il songe aux bons morceaux de sa dernière chasse, il digère. Mais qu'une souris vienne à gratter dans le voisinage, aussitôt le scops se hérisse un peu le front, premier signe d'attention ; il redresse, il épanouit ses aigrettes, signe de l'attention portée au plus haut point. Il a entendu, il a compris. L'oiseau part, la souris est prise.

Fig. 36. — Le Scops ou Petit-Duc.

Les petits rongeurs font ses délices. Pour se faciliter la digestion, il les assaisonne de scarabées, en particulier de hannetons. Quand le gibier à poil lui manque, il fait de nécessité vertu et se contente frugalement d'insectes, espérant bien se rattraper bientôt sur les souris et les mulots.

Les scops voyagent. Ils se rassemblent en escouades, tantôt pour fuir l'hiver en des climats plus doux, tantôt pour rechercher des cantons giboyeux, lorsque celui qu'ils habitent ne leur offre plus de ressources suffisantes. Si les mulots se multiplient en quelque province, ravageant céréales et plantes fourragères, les scops en ont bruit, je ne sais par quelle renommée. Ils se communiquent la bonne nouvelle, se concertent et partent pour ces terres dévastées où les attendent d'incomparables bombances. Ils se mettent à la besogne d'extermination avec une telle ardeur, qu'il leur arrive d'expurger les champs en quelques semaines.

Le scops niche dans les arbres creux et dans les fentes de rochers. Ses œufs, au nombre de deux à quatre, sont d'un blanc luisant.

XVI. — Les Chouettes.

PAUL. — Les chouettes se distinguent des hiboux par l'absence d'aigrettes sur le front. La plus grande est la *Hulotte* ou *Chat-huant*, de la taille à peu près d'une poule. Le fond du plumage est grisâtre dans le mâle, roussâtre dans la femelle; différence qui les fait prendre quelquefois pour des espèces séparées. Sur ce fond sont semées des taches longitudinales brunes, moins nombreuses sur la poitrine et le ventre de couleur blanchâtre. Les ailes sont marquées de plusieurs grandes taches blanches rondes. La tête est très-grosse, bien arrondie; la face est enfoncée et comme encavée dans la plume. Les yeux, également enfoncés, sont bruns et environnés de petites plumes grises.

L'expression de hulotte dérive du mot latin *ululare*, hurler à la manière du loup; dans le terme de chat-huant se trouve notre verbe *huer*, qui traduit une idée analogue. La hulotte est, en effet, remarquable par son cri qui ressemble assez au hurlement du loup.

Lorsque, au déclin d'une sombre journée d'hiver, la brise fouette la neige et gémit entre les arbres, un effroyable cri, lugubrement prolongé, s'élève dans l'obscure épaisseur des bois : *houhoû*, *houhoû*, *houhouhoû*. Alors dans la chaumière isolée, la mère se signe de frayeur; les enfants se serrent contre elle, pleurant et disant : le loup est là. — Rassurez-vous, bonnes gens, ce n'est pas le loup, c'est la hulotte qui *houhoule,* qui jette son cri de guerre du haut de quelque chêne caverneux et s'apprête pour sa ronde de nuit.

Pendant la belle saison, la hulotte habite les bois. Elle chasse de préférence les mulots et les campagnols, qu'elle avale tout entiers et dont elle rejette après la peau et les os roulés en pelottes. Les petits oiseaux, qui la harcellent de jour avec tant de furie quand ils ont la joie de la surprendre en plein soleil, ne sont pas à l'abri de son bec, si l'oiseau nocturne peut les surprendre en les effrayant de son terrible *houhoû*. Tenez-vous bien tranquilles dans vos cachettes, pinsons, rouges-gorges et mésanges, sans vous trahir par la frayeur; laissez hurler la chouette, ou vous êtes perdus.

Si la chasse de la campagne devient peu fructueuse, la hulotte se rapproche des habitations et pénètre dans les granges pour y faire le métier de chat, et mériter le nom de chat-huant qu'on lui donne. Elle rivalise de patience et d'adresse avec Raminagrobis lui-même pour guetter et saisir les souris et les rats. C'est un hôte qu'il faut respecter dans nos greniers quand la faim l'engage à les visiter. Sa tournée faite, elle retourne au bois de grand matin, se fourre dans les taillis les plus épais ou sur les arbres les plus feuillés, et y passe tout le jour, silencieuse et immobile. En hiver, son domicile est toujours le creux d'un arbre. Elle pond dans les nids abandonnés des pies, des corneilles, des buses, des crécerelles; ses œufs, d'un gris sale, ont la grosseur de ceux d'une petite poule, mais sont arrondis.

La *Chouette des clochers* nommée aussi *Effraie* est un oiseau de tournure disgracieuse, un peu plus petit que la hulotte. Son plumage ne manque pas d'élégance. Il est roux en dessus, ondé de gris et de brun et joliment piqueté de points blancs compris entre deux points sombres; il est blanc en dessous, avec ou sans mouchetures brunes. Les yeux sont enfoncés et entourés d'un cercle régulier de plumes blanches et fines presque semblables à des poils; une collerette rousse sur les bords encadre la face. Le bec est blanchâtre; les serres ne sont gantées que d'un duvet blanc, très-court, à travers lequel s'aperçoit la chair rose. L'oiseau n'a rien de la fière attitude du grand-duc et du scops; son port est gauche, embarrassé, presque honteux. Le dos voûté, les ailes pendantes, la face renfrognée, le regard triste, les jambes longues et mal cambrées, telle est l'effraie au repos. Comme pour mettre le comble à sa disgracieuse pose, l'oiseau, lorsque quelque chose l'inquiète, balance ridiculement le corps de droite et de gauche, les yeux hagards, les ailes un peu soulevées.

JULES. — Et dans quel but ce balancement?

PAUL. — Dans le but sans doute d'effrayer son ennemi. Au moment du péril, la chouette des clochers a en outre pour sa défense un grincement âcre *gre*, *grei*, *crei*, qui en impose souvent à l'agresseur. Son cri habituel, au milieu du silence de la nuit, est un souffle lugubre *chê*, *chêi*, *cheû*, *chiôû*, semblable au râle d'un homme qui dormirait la bouche ouverte. A ces cris effrayants associez l'obscurité de la nuit, le voisinage des églises et des cimetières, et vous comprendrez comment l'innocente chouette des clochers est parvenue à inspirer l'effroi aux enfants, aux femmes et même aux hommes trop crédules; vous vous expliquerez pourquoi elle est réputée l'oiseau funèbre, l'oiseau de la mort, qui fait entendre sa voix pour appeler au cimetière l'un des habitants de la maison qu'elle visite. Le nom d'effraie fait allusion à ces superstitieuses terreurs : il désigne l'oiseau qui effraie de son chant nocturne les gens assez sots pour croire aux revenants et aux sorciers.

JULES. — Elle peut bien chanter sur notre toit tant qu'il lui plaira, l'effraie ne m'épouvantera guère.

PAUL. — Elle n'épouvanterait personne si chacun voulait bien écouter le bon sens au lieu d'ajouter foi à des contes ridicules. La peur, comme la cruauté, est fille de l'ignorance. Formez-vous la raison, habituez-vous à voir les choses telles qu'elles sont réellement, et la folle peur se dissipera.

L'effraie porte encore le nom de *Chouette des clochers* parce qu'elle habite les trous des clochers et des vieilles églises. Il peut lui arriver de pénétrer de nuit dans une église pour se livrer à la chasse aux souris. Ceux qui, les premiers, ont surpris l'oiseau mal famé au voisinage de l'autel, n'ont pas manqué de mettre un sacrilége sur son compte; ils l'ont accusée de boire l'huile de la lampe ou plutôt de la manger quand elle est figée par le froid. L'accusation est prise ici en flagrant délit de mensonge, car l'huile ne peut se figer dans une lampe qui brûle continuellement. Mais on n'y regarde pas de si près pour noircir la réputation de l'oiseau exécré, et j'aurai beau protester, l'on continuera longtemps, l'on continuera toujours à regarder la chouette comme un profanateur des lampes saintes, la Provence l'appellera toujours *Béou-l'oli* (1).

En réalité, l'effraie se nourrit de souris et de rats, qu'elle prend soit dans les églises, soit dans nos greniers; de mulots, de campagnols et de lérots qu'elle chasse dans les jardins et les champs. Voilà certes des services qui devraient faire oublier une réputation mensongère et valoir à l'effraie l'estime et la protection de tous. Reviendra-t-on sur une condamnation que rien, absolument rien, ne motive; absoudra-t-on un oiseau qui nous rend de très-sérieux services et n'est coupable d'aucun méfait. J'en doute fort. La superstition est trop tenace pour manquer jamais de Jean-le-Borgne, clouant sur la porte la chouette vivante.

L'effraie se plaît dans les lieux habités. Les toits des églises, la sommité des clochers, les tours élevées sont sa demeure favorite. Tout le jour, elle reste blottie dans quelque trou obscur, d'où elle ne sort qu'après le coucher du soleil. Sa manière de prendre l'essor mérite d'être rapportée. Elle se laisse d'abord tomber du haut de son clocher comme une masse inerte et ne déploie les ailes qu'après une assez longue chute verticale. Elle vole de travers, sans aucun bruit, comme si le vent l'emportait. Elle niche dans les trous des masures, dans les cavités des arbres vermoulus, parfois dans les greniers sur quelque solive. Aucun nid n'est fait pour recevoir les œufs, qui sont déposés au point choisi sans feuilles, ni

(1) Qui boit l'huile.

racines, ni bourre pour matelas. La ponte a lieu vers la fin de mars. Elle se compose de cinq ou six œufs blancs, remarquables par leur forme en ovale allongé, forme exceptionnelle chez les oiseaux de proie nocturnes. Les petits, avec leurs gros yeux, leur bec vorace, leur poil follet cotonneux tout ébouriffé, sont bien les plus disgracieuses créatures qu'il soit possible de voir. La mère les nourrit avec des insectes et des quartiers de souris.

La plus petite de nos chouettes est la *Chevêche* ou *Petite-Chouette*. Comme le scops, elle est de la grosseur d'un merle. Elle est d'un brun foncé, avec de grandes taches blanches, rondes ou ovales. La gorge est blanche, la queue est traversée par quatre bandes étroites blanchâtres. La chevêche est d'un port vif et léger ; elle voit pendant le jour beaucoup mieux que les autres nocturnes, aussi se permet-elle quelquefois la chasse aux petits oiseaux, mais bien rarement avec succès. Lorsqu'elle a la bonne fortune d'en prendre un, elle le plume très-proprement avant de le manger, au lieu de suivre les habitudes gloutonnes du hibou et de la hulotte, qui l'avalent avec les plumes et rendent gorge après. Ses chasses sont beaucoup plus productives avec les mulots et les souris, qu'elle déchire par quartiers. Les autres ne font de la proie qu'une bouchée, la petite-chouette la dépèce, dans le but peut-être de la savourer en fin connaisseur. Pour exprimer l'étonnement, la surprise, la crainte, l'effraie se dandine d'une façon bouffonne ; la chevêche s'y prend d'une autre manière. Elle fléchit les jambes, s'accroupit, puis se redresse brusquement en allongeant le cou et tournant la tête tantôt à droite, tantôt à gauche. On la dirait poussée par un ressort. Ce geste se répète coup sur coup à plusieurs reprises, chaque fois accompagné d'un claquement de bec. Quand elle vole, son cri ordinaire est *pou*, *pou*, *pou ;* posée, elle dit *hêmê*, *êdmê*, répété plusieurs fois de suite d'une voix presque humaine.

La petite-chouette habite les masures, les carrières, ses vieilles tours ruinées, jamais les arbres creux. Elle fréquente les toits des églises et des maisons de village. Son nid consiste en un trou de rocher ou de muraille. Elle y dépose quatre ou cinq œufs arrondis, blancs avec quelques taches roussâtres.

XVII. — L'Aigle.

Paul. — Si je me proposais, mes amis, de vous raconter l'histoire des oiseaux telle que la comprend la science dans ses vues générales, au lieu d'avoir pour but principal de vous faire connaître les espèces utiles à l'agriculture, j'aurais dû commencer par les oiseaux qui chassent de jour et laisser en seconde ligne ceux qui chassent de nuit ; l'aigle, le faucon, l'épervier, devraient avoir le pas sur le duc, le hibou, la chouette. Pour quels motifs, me direz-vous? Je serais assez embarrassé de donner une réponse qui puisse me satisfaire moi-même. Faute d'une meilleure, contentons-nous de celle-ci : les premiers travaillent de jour, les seconds travaillent de nuit. Mais l'aigle et les autres vivent à nos dépens, tandis que le hibou et ses proches nous rendent un incontestable service en s'opposant à la calamiteuse multiplication des rongeurs. Par conséquent, sous le rapport de l'utilité, la prééminence revient de droit à l'oiseau nocturne. C'est ce que j'ai reconnu de grand cœur en vous parlant d'abord de lui.

Mais cet ordre est en désaccord avec tous les usages, qui placent l'aigle en tête des oiseaux, tant nos propres usages que ceux de la science. Ne disons-nous pas de l'aigle qu'il est le roi des oiseaux. Pourquoi ce titre au féroce bandit, à l'égorgeur d'agneaux? Je me le demanderais en vain si je ne savais l'inclination de l'homme à glorifier la force brutale, en serait-il lui-même la victime. A vos risques et périls vous ne l'apprendrez que trop tôt, mes pauvres enfants : la haute rapine trouve, hélas ! parmi nous assez de bassesse pour se faire excuser, que dis-je, pour se faire glorifier; et le travail profitable, utile à tous, nous laisse froids ou même dédaigneux. Le faucon est le ravisseur de nos basses-cours, le buveur de sang de nos colombiers; nous le tenons en haute estime, nous l'appelons un oiseau noble. La chouette nous défend des rats, elle veille à la sauvegarde de nos récoltes; nous l'avons en abomination, nous l'appelons oiseau ignoble. N'apprendrons-nous donc jamais à juger bêtes et gens d'après leur réelle valeur, leur réelle utilité. Espérons que, si tant de belles intelligences ont travaillé, elles travaillent et travailleront toujours à ce miracle. Travaillez-y un jour, mes enfants, si Dieu vous fait la grâce de pouvoir le faire; travaillez-y de toutes vos forces et soyez bénis si vous parvenez à augmenter un peu, si peu que ce soit, l'effort commun des hommes de bonne volonté.

Je serai bref sur les oiseaux de proie diurnes, presque tous vrais bandits, vivant à nos détriments, de meurtre et de brigandage. Ils chassent de jour, jamais de nuit, aussi les appelle-t-on les rapaces diurnes. La lumière la plus vive ne leur cause pas d'éblouissement. On dit même de l'aigle et des autres qu'ils peuvent regarder le soleil en face, et de cette prérogative on leur fait encore un titre de noblesse. A cela il n'y a pas grand mérite, étant connue la façon dont ils se garantissent la vue. Ils ont trois paupières, d'abord deux comme nous, celle d'en haut et celle d'en bas, qui se ferment quand vient le sommeil, et en outre une troisième, à demi transparente, qui se retire en entier dans le coin de l'œil quand l'oiseau ne doit pas en faire usage, ou bien s'avance sous les deux autres ouvertes et fait office de rideau. La lumière est-elle trop vive, faut-il regarder en face du soleil, l'oiseau étale son rideau oculaire, il couvre l'œil de sa troisième paupière qui, par sa demi-transparence, permet aux rayons lumineux de pénétrer, mais affaiblis. Voilà tout le secret de l'assurance du regard de l'aigle au milieu des plus éblouissantes clartés.

Emile. — J'en ferais bien tout autant en me protégeant les yeux d'un rideau.

Paul. — Tous ces oiseaux sont armés d'un bec robuste, à mandibules crochues, propres à mettre une proie en lambeaux. Leurs serres sont composées de quatre doigts, dont trois toujours dirigés en avant et un en arrière. Les ongles sont recourbés, longs et creusés en dessous d'une rigole à bords tranchants pour mieux s'enfoncer

Fig. 37. — Tête de l'Aigle.

dans les chairs. Leur pose est fière, leur regard dur, leur vol d'une merveilleuse puissance. Ils aiment à tournoyer, à planer presque sans mouvements d'ailes, dans les hautes régions de l'air où notre regard ne peut les suivre. Eux cependant, de cette élévation immense, distinguent tout ce qui s'agite à la surface du sol. Ils explorent chaque ferme du regard, ils inspectent la basse-cour. Qu'une proie apparaisse, et à l'instant l'oiseau de rapine s'abat d'une aile sifflante, plus rapide qu'un plomb qui tombe. Le rapt de la poularde est fait sous les yeux même du fermier avant que celui-ci soit revenu de sa surprise, ant l'arrivée du ravisseur est soudaine, et sa retraite prompte.

Signalons ici les principaux de ces bandits. C'est d'abord l'*Aigle* (*fig.* 38) heureusement toujours fort rare. C'est un grand oiseau brun, qui mesure un mètre et plus de l'extrémité du bec à l'extrémité de la queue. Ses ailes étendues embrassent une longueur de près de trois mètres. Son œil farouche, abrité par un sourcil très-proéminent, brille d'un feu sombre. Le nid de l'aigle se nomme aire.

Fig. 38. — L'Aigle.

Il est plat et non pas creux comme celui des autres oiseaux. C'est une espèce de solide plancher formé d'un entrelacement de petites perches et recouvert d'un lit de joncs et de bruyères. Il est habituellement placé sur des escarpements inaccessibles, entre deux roches dont la supérieure surplombe et forme couverture. Les œufs, au nombre de deux, plus rarement de trois, sont d'un blanc sale et mouchetés de roux. Les jeunes aiglons sont d'une telle voracité qu'à l'époque de leur éducation, l'aire devient un véritable charnier, toujours encombré de lambeaux saignants. Quelque plate-forme de rocher peu éloignée sert aux parents de boucherie, d'atelier de dépècement. Là sont mis en pièces, pour les jeunes, lièvres et lapins, perdrix et canards, agneaux et chevreaux, ravis dans les plaines et transportés au vol sur les hautes cimes, demeure favorite de l'aigle.

EMILE.— L'aigle est donc bien fort puisqu'il peut enlever un agneau. Je l'avais entendu dire sans pouvoir le croire.

PAUL. — Rien n'est plus vrai. Il vous enlèverait vous-même s'il vous surprenait seul dans ses montagnes.

EMILE. — Avec un bâton, je saurais bien me défendre.

PAUL. — Peut-être. Entre une foule d'exemples, j'en prends un au hasard. Voici ce que dit un auteur très-digne de foi.

Deux petites filles, l'une âgée de cinq ans, l'autre de trois, jouaient ensemble, lorsqu'un aigle de taille médiocre se précipita sur la première, et, malgré les cris de sa compagne, malgré l'arrivée de quelques paysans, l'enleva dans les airs. Deux mois après, un berger rencontra, gisant sur un rocher à une demi-lieue de là, le cadavre de l'enfant à moitié dévoré et desséché.

Que vous en semble de l'aigle dit royal?

JULES. — C'est un brigand de la pire espèce.

PAUL. — Voulez-vous assister à la chasse de l'aigle, être témoin de sa féroce joie quand il enfonce ses ongles crochus dans les chairs de la proie saisie? Écoutez ce magnifique récit, dû à la plume d'un ami passionné des oiseaux, Audubon. La scène se passe loin de nos pays, en Amérique; l'aigle est d'une autre espèce que la nôtre; n'importe, les mœurs de ces bandits sont les mêmes partout.

« En automne, au moment où des milliers d'oiseaux fuient le nord et se rapprochent du soleil, laissez votre barque effleurer l'eau du Mississipi. Quand vous verrez deux arbres dont la cime dépasse toutes les autres cimes, s'élever en face l'un de l'autre sur les bords du fleuve, levez les yeux : l'aigle est là, perché sur le faîte d'un des arbres. Son œil étincelle dans son orbite, et paraît brûler comme la flamme ; il contemple attentivement toute l'étendue des eaux. Souvent son regard s'arrête sur le sol. Il observe, il attend. Tous les bruits qui se font entendre, il les écoute, il les recueille, il les distingue.

Sur l'arbre opposé, l'aigle femelle reste en sentinelle ; de moment en moment, son cri semble exhorter le mâle à la patience. Il y répond par un battement d'ailes, par une inclination de tout le corps, et par un glapissement dont la discordance et l'éclat ressemblent au rire d'un maniaque ; puis il se redresse. A son immobilité, à son silence, vous le croiriez de marbre.

Les canards de toute espèce, les poules d'eau, les outardes, fuient par bataillons serrés que le cours de l'eau emporte ; proie que l'aigle dédaigne et que ce mépris sauve de la mort. Un son que le vent fait voler sur le courant arrive enfin jusqu'à l'ouïe des deux brigands, ce son a le retentissement et la raucité d'un instrument de cuivre. C'est le chant du cygne. La femelle avertit le mâle par un appel composé de deux notes. Tout le corps de l'aigle frémit ; deux ou trois coups de bec dont il frappe rapidement son plumage, le préparent à son expédition. Il va partir.

Le cygne vient comme un vaisseau flottant dans l'air, son cou d'une blancheur de neige étendu en avant, l'œil étincelant d'inquiétude. Le mouvement précipité de ses deux ailes suffit à peine à soutenir la masse de son corps, et ses pattes, qui se reploient sous sa queue, disparaissent à l'œil Il approche lentement, victime dévouée. Un cri de guerre se fait entendre, l'aigle part avec la rapidité de l'étoile qui file ou de l'éclair qui resplendit. Le cygne voit son bourreau, abaisse le cou, décrit un demi-cercle, et manœuvre dans l'agonie de sa crainte pour échapper à la mort. Une seule chance lui reste, c'est de plonger dans le courant; mais l'aigle prévoit la ruse, il force sa

Fig. 39. — Le Cygne.

proie à rester dans l'air en se tenant sans relâche au-dessous d'elle et en menaçant de la frapper au ventre et sous les ailes. Cette profondeur de combinaison, que l'homme envierait à l'oiseau, ne manque jamais d'atteindre son but. Le cygne s'affaiblit, se lasse et perd tout espoir de salut; mais alors son ennemi craint encore qu'il n'aille tomber dans l'eau du fleuve. Un coup des serres de l'aigle frappe la victime sous l'aile et la précipite obliquement sur le rivage.

Vous ne verriez pas sans effroi le triomphe de l'aigle. Il danse sur le cadavre, il enfonce profondément ses griffes d'airain dans le cœur du cygne mourant, il bat des ailes, il hurle de joie. Les dernières convulsions de l'oiseau l'enivrent. Il lève sa tête chauve vers le ciel, et ses yeux enflammés d'orgueil se colorent comme le sang. Sa femelle vient le rejoindre. Tous deux ils retournent le cygne, percent sa poitrine de leur bec, et se gorgent du sang encore chaud qui en jaillit. »

EMILE. — Pauvre cygne!

XVIII. — L'Autour. — L'Épervier. — Les Faucons.

LOUIS. — Que faire contre des ennemis comme l'aigle?

PAUL. — Les détruire nous-mêmes par tous les moyens en notre pouvoir, car nous n'avons à compter sur aucun secours. Ils sont les tyrans de l'air, aucun oiseau n'oserait les attaquer. La destruction des nids est le moyen le plus sûr de mettre fin aux ravages qu'ils font parfois dans les troupeaux. Mais ce n'est pas entreprise sans péril que d'atteindre l'aire de l'aigle pour tordre le cou aux aiglons. Les bergers des Pyrénées s'y mettent à deux, l'un armé d'une carabine à double coup, l'autre d'une longue pique. Au petit jour, lorsque l'aigle est déjà en chasse, les deux dénicheurs arrivent sur le haut de l'escarpement où l'aire est établie. Le premier, la carabine armée, se poste au sommet du rocher pour faire feu sur l'aigle à son retour; le second, la pique à la ceinture, descend de roc en roc jusqu'à l'aire et enlève les aiglons, trop jeunes encore pour opposer une sérieuse défense. Au premier appel de détresse, la mère accourt furieuse et se précipite sur l'homme, qui la reçoit à coup de pique tandis que son camarade atteint l'oiseau d'une balle. Le mâle qui planait au-dessus des nuées descend avec la rapidité de la foudre. Il est sur la tête du dénicheur avant que celui-ci ait eu le temps de redresser sa pique. Heureusement une seconde balle, partie du haut du rocher, casse une aile à l'oiseau.

Jules. — Si l'aigle était manqué?

Paul. — Le dénicheur serait perdu. La figure labourée de coups de bec, les yeux arrachés, il roulerait brisé au fond du gouffre. Non, ce n'est pas entreprise sans péril que de dénicher des aiglons.

Jules. — Pour ma part, on ne m'y prendra pas.

Paul. — Après l'aigle, l'*Autour* est le plus grand de nos rapaces diurnes. C'est un magnifique oiseau de la taille du coq, brun en dessus, blanc en dessous avec de nombreuses petites bandes transversales sombres. L'œil est orné d'un sourcil blanc, le bec est d'un noir bleuâtre, les pieds sont jaunes.

L'autour est le fléau des colombiers, aussi l'appelle-t-on encore le *Faucon des palombes*. Il se choisit un observatoire sur la cime d'un arbre touffu, d'où il épie la bande des pigeons becquetant dans les guêrets. Malheur à qui oubliera un moment de se tenir sur ses gardes. L'oiseau rapace fond sur lui d'un vol oblique, presque en rasant le sol; en moins de rien, le pigeon est saisi et emporté au loin sur quelque roche solitaire, où le ravisseur le plume et le déchire encore tout chaud. Si le fermier manque de vigilance, l'autour ne fait pas moins de ravages dans la basse-cour. A l'apparition seule de l'ombre de l'oiseau, le coq jette le cri d'alarme, les poussins se réfugient à la hâte sous l'aile de leur mère, qui, les plumes hérissées, le regard allumé, en impose quelquefois au ravisseur par sa fière contenance. Si les poulets et les pigeons lui manquent, l'autour guette les jeunes lièvres, les écureuils, les petits oiseaux; en des temps de disette, il se rabat sur les taupes et les souris. Les montagnes boisées sont sa demeure de prédilection. Il établit son nid sur les chênes et les hêtres les plus élevés. Ses œufs, au nombre de quatre ou cinq, sont légèrement roux ou bleuâtres et tachés de points bruns.

L'*Epervier commun* est à peu près de la grosseur d'une pie. Son plumage rappelle celui de l'autour. Il est cendré bleuâtre sur le dos, blanc en dessous avec des raies transversales brunes. La gorge et le devant du cou sont roussâtres, la queue est barrée de six à sept bandes obscures. Les pattes sont d'un beau jaune, longues et fines

Fig. 40. — L'Épervier.

L'épervier est encore un ardent chasseur de pigeons, qu'il cherche à surprendre en volant autour du colombier, ou bien en faisant le guet du haut d'un arbre touffu. L'alouette, la grive, la caille tombent fréquemment sous ses griffes. Son vol est bas et oblique comme celui de l'autour; des ailes trop courtes et à bout arrondi ne leur permettent ni à l'un ni à l'autre le haut vol et les impétueuses allures. Les jeunes, récemment sortis du nid et sans expérience encore des ruses de la chasse, sont quelque temps dressés par le père et la mère à la vie de brigandage; il n'est pas rare de rencontrer la famille chassant de compagnie. L'épervier niche sur les grands arbres. Sa ponte est de quatre ou cinq œufs blancs ornés de mouchetures brunes plus larges et plus nombreuses vers le gros bout. L'épervier partage avec l'autour une tactique de défense déjà constatée chez le hibou. Assailli par un ennemi plus fort que lui, il se couche sur le dos et manœuvre des griffes.

Les *Faucons* sont, de tous nos rapaces diurnes, les plus courageux et les mieux doués pour le vol. Ils ont pour caractère distinctif une dent aiguë de chaque côté de l'extrémité du bec, qui est très-vigoureux et fortement recourbé dès son origine. Leurs ailes, pointues au bout, dépassent au repos l'extrémité de la queue ou tout au moins l'atteignent. Tous chassent en planant. Dans ce genre se classent le *Faucon ordinaire*, le *Hobereau*, l'*Emérillon*.

Fig. 41. — Tête de Faucon.

Le *Faucon ordinaire*, grand comme une poule, est reconnaissable à l'espèce de moustache ou tache noire qu'il a sur chaque joue. Il a le dos d'un noir cendré, traversé par de petites bandes plus foncées; la gorge et la poitrine d'un blanc pur, avec des traits longitudinaux noirs; le ventre et les cuisses d'un gris clair légèrement bleuâtre, barrés de bandes noires; la queue alternativement rayée de blanc sale et de noir. Le bec est bleu, noir à la pointe; les yeux et les pieds sont d'un beau jaune.

Du reste le plumage du faucon commun varie beaucoup avec l'âge, et ce n'est guère qu'au bout de trois ou quatre ans qu'il est conforme à la description que je vous donne.

Les cimes les plus escarpées, les rochers les plus abruptes sont la demeure du faucon. C'est de là qu'il guette pigeons, cailles, perdrix, poulets et canards. Il s'élève et plane quelque temps dans l'air pour choisir du regard sa victime; puis il s'abat d'aplomb sur elle comme s'il tombait des nues. Le faucon est d'une audace sans égale. Il pénètre dans les colombiers des fermes, il chasse le pigeon jusque sous les yeux des passants au milieu des rues populeuses, il ravit la perdrix que le chien tient en arrêt et que le chasseur ajuste. Sa voix est forte et éclatante. Son vol soutient une vitesse de vingt lieues à l'heure, même pour une expédition de quelques centaines de lieues; mais sa marche est gauche et sautillante parce que ses doigts crochus, armés d'ongles férocement longs et recourbés, reposent mal sur le sol. Le faucon niche dans les escarpements de rochers exposés au midi. Son nid, construit sans art, contient trois ou quatre œufs un peu roussâtres, tachés de brun.

Le *Hobereau* est moindre que le précédent, brun dessus, blanchâtre dessous avec les cuisses et le bas du ventre roux. Sa témérité n'a d'égale que celle du faucon. Il poursuit jusque sous le fusil du chasseur les alouettes et les cailles, il se jette au milieu des filets de l'oiseleur pour saisir les appeaux. Il se perche et niche sur les grands arbres. Ses œufs sont blanchâtres, très-légèrement tachetés de roux.

L'*Emérillon* est le plus petit de nos oiseaux de proie diurnes, sa taille n'est guère que celle d'une grive. Il est brun sur le dos, blanchâtre en dessous et tacheté de brun. Son nid, peu commun dans nos régions, est placé dans un creux de rocher. Il contient cinq ou six œufs blanchâtres, marbrés au gros bout de brun ou de vert sale.

C'est encore, malgré sa faible taille, un effronté bandit.

Les petits oiseaux se meurent de terreur au seul bruit d'ailes de l'émérillon rôdant autour d'un buisson. La perdrix elle-même n'est pas à l'abri de ses attaques. Il commence par en isoler une de la compagnie, puis tournant au-dessus d'elle dans une spirale descendante à cercles de plus en plus rétrécis, il l'atteint de la griffe et la culbute d'un coup violent de poitrine.

Tels sont les principaux rapaces diurnes auxquels il faut sans ménagement aucun faire la guerre. Sus à ces oiseaux de rapine, à ces féroces buveurs de sang, destructeurs de gibier, ravageurs de basses-cours et de colombiers. Prends ton fusil, vigilant fermier, surveille le faucon et l'autour et feu sur ces brigands ; détruis leurs nids, écrase les œufs, tords le cou aux jeunes si tu veux sauver tes poulets, tes canards et ton pigeons.

XIX. — La Crécerelle. — Le Milan. — Les Buses.

PAUL. — La *Crécerelle* ou *Émouchet* appartient au genre faucon comme l'atteste la fine dent placée de chaque côté de la pointe du bec. C'est un assez bel oiseau, de la taille d'un pigeon, roux et tacheté de noir. La queue, barrée de noir, a l'extrémité blanche. Le bec est bleu, les pattes sont jaunes. La crécerelle est l'oiseau de proie le plus répandu et le plus fréquent au voisinage des habitations. Elle se complaît sur les vieux châteaux, les hautes tours, les clochers. On la voit voler infatigable autour de ces édifices avec un cri perçant *pli*, *pli*, *pli*, *pri*, *pri*, *pri*, qu'elle jette pour effrayer les moineaux établis dans les trous de muraille et les saisir au vol. Elle plume soigneusement les petits oiseaux capturés avant de les manger ; mais elle a un autre genre de proie qui lui donne moins de peine : C'est la souris qu'elle va saisir jusque dans les greniers ouverts ; c'est le mulot gras et savoureux qu'elle épie de haut en faisant le Saint-Esprit, c'est-à-dire en se maintenant immobile au même point de l'air, la queue et les ailes gracieusement déployées. Que fera-t-elle de sa capture; va-t-elle l'écorcher par mesure de propreté, comme elle plume le moineau? Non, la souris et le mulot sont morceaux friands dont la crécerelle veut profiter jusqu'à la dernière goutte de suc. Le rongeur est avalé tel quel, tout entier s'il est petit, par quartiers s'il est trop gros. La digestion faite, la peau et les os sont rejetés par le bec, roulés en pelotes à la mode des hiboux. La crécerelle niche dans les vieilles tours, les masures, les creux de rocher. Son nid, fait de bûchettes et de racines, contient quatre ou cinq œufs couleur de rouille, marbrés de raies brunes.

Le *Milan* (*fig.* 42) se distingue de tous les autres oiseaux de proie par sa queue large et fourchue, ses ailes très-longues, ses doigts et ses ongles peu robustes, son bec trop faible pour sa taille, supérieure à celle du faucon. Ce défaut d'armes convenables en fait un oiseau poltron à l'excès, que le moindre danger alarme, qu'une simple corneille met en fuite.

Fig. 42. — Le Milan.

Pressé par la faim, il se risque cependant au voisinage des colombiers et des basses-cours pour saisir les pigeonneaux et les poussins. Heureusement la poule, si elle a le temps de rassembler sa couvée sous ses ailes, l'intimide par sa seule colère. A défaut de volaille, le maraudeur, exécration des ménagères de la campagne, attaque les reptiles, les rats, les mulots, les campagnols. Au besoin même, il s'abat sur la charogne, le mouton crevé, le poisson pourri.

Déployées, les ailes du milan mesurent plus d'un mètre et demi. Rien d'admirable comme le vol de cet oiseau. Lorsqu'il décrit ses longs circuits dans l'immensité de l'air, on dirait qu'il nage, qu'il glisse mollement;

puis, tout à coup, il arrête son essor et reste suspendu à la même place des quarts d'heure durant, soutenu par une invisible trépidation d'ailes.

Le milan est roux foncé sur le dos, couleur de rouille à la poitrine et au ventre, avec la tête blanchâtre, et les grosses plumes des ailes noires. Son cri ressemble au miaulement du chat. Il construit son nid sur les grands arbres, plus souvent encore dans le creux d'un rocher. Ses œufs, ordinairement au nombre de trois, sont d'un blanc virant au jaune sale, et mouchetés d'un petit nombre de taches irrégulières brunes.

Les *Busards* ont pour signe caractéristique une collerette demi-circulaire de fines plumes tassées, qui s'étend de chaque côté de la face, depuis le bec jusqu'à l'oreille, et ressemble assez bien à l'encadrement des yeux de la chouette. Par la poitrine évidée, la jambe haute, l'aile longue, la queue plus longue encore, ils ont quelque chose de la physionomie et de l'allure des faucons ; par leur grosse tête et les collerettes de la face, ils se rapprochent des rapaces nocturnes. Les busards fréquentent les marais, les rives des eaux stagnantes où ils s'embusquent dans les joncs, pour saisir les petits rongeurs, les reptiles et les insectes qui passent à leur portée. La ferme n'a rien à leur reprocher : pigeonneaux, poulets, canetons sont respectés ; elle les félicite au contraire de leur goût prononcé pour les mulots. Malheureusement le chasseur les accuse de prélever une forte dîme sur le gibier, notamment sur les poules d'eau, et de se laisser même tenter par le jeune lièvre et le petit lapin. Il faut vous dire que la Belette (*fig.* 43), petit carnassier aux appétits des plus sanguinaires, s'introduit dans les garennes pour saisir le levraut et le lapereau, qu'elle saigne au cou pour en boire le sang. Le cadavre est après abandonné derrière quelque buisson. Le busard est au courant de ses assassinats ; il inspecte, d'un vol paisible, les alentours des garennes dans les bois, pour enlever les corps morts et faire curée des rebuts de la belette. Qu'il se trompe parfois et prenne pour mort un lapin bel et bien vivant, je n'oserais le nier. Après tout, sans trop me faire prier, je lui pardonne, et en considération de sa guerre aux

Fig. 43. — La Belette.

mulots, je serais assez d'avis de le décorer du titre d'auxiliaire.

Si l'hésitation est permise à l'égard des busards, elle ne l'est plus au sujet des buses. Voilà certes des auxiliaires de haut mérite, grands mangeurs de mulots et de campagnols, grands destructeurs de taupes qu'il importe de maintenir dans d'étroites limites. Les buses ont le bec court, large, courbé dès sa base; les ailes très-longues, mais obtuses, atteignant presque l'extrémité de la queue; les pattes fortes, et l'intervalle entre l'œil et les narines hérissé de poils.

Les *Buses* sont amies du repos, nonchalantes, ou plutôt douées d'une grande patience d'immobilité, condition de succès pour leur chasse quand elles guettent le mulot au sortir du terrier. Des heures durant, s'il le faut, sans le moindre mouvement, sans le plus léger signe d'impatience, la buse tient l'affût; on la dirait prise de sommeil. Puis soudain, l'oiseau pioche le sol à coups de bec et déchire le gazon de ses fortes pattes. Une taupe éventrée est amenée au jour, un mulot est pris, aussitôt avalé. Or, savez-vous la réputation qu'a value à la buse cette longue pose immobile, qui lui est indispensable pour déjouer la finesse d'ouïe de la taupe et du rongeur? La réputation d'oiseau stupide, réputation consacrée pour le langage. Nous disons de quelqu'un très-borné d'intelligence : *sot comme une buse.* Voici revenir le travers d'esprit qui nous porte à honnir les espèces qui nous viennent en aide et à glorifier celles qui vivent à nos dépens. Nous tournons en bêtise les qualités de la buse, qui respecte nos basses-cours et nous délivre des rongeurs; nous appelons courage, noblesse, magnanimité, la fureur de carnage de l'aigle ravisseur d'agneaux, et du faucon voleur de poulets.

La *Buse commune* est un grand oiseau brun, à gorge blanchâtre. Les plumes du ventre sont ondées de petites lignes alternativement brunes et blanches; la queue est traversée par neuf ou dix bandes obscures. Le bec est blanchâtre à la base, noir à la pointe. Les yeux et les pieds sont jaunes. Cette espèce construit son nid sur les arbres élevés. Elle le compose de bûchettes entrelacées et en garnit l'intérieur d'un maletas de laine et de crin. La ponte est de trois œufs au plus, blanchâtres et mouchetés de taches irrégulières d'un jaune sale. C'est la buse commune qui s'est particulièrement attiré la réputation d'oiseau stupide, par la paresse de son vol et sa patience à l'affût. Son lieu d'observation est d'habitude une motte élevée. Des observateurs qui l'ont étudiée dans ses manières de vivre, portent à seize le nombre de souris qu'elle consomme par jour en moyenne, ce qui fait près de 6,000 en un an.

Louis. — Voilà un oiseau qui serait précieux au voisinage des habitations, si l'on pouvait l'apprivoiser.

Paul. — Rien n'empêche de le tenter : la buse est d'un caractère assez accommodant. D'autres observateurs ont étudié ses chasses aux mulots; ils estiment qu'elle en mange près de 4,000 par an. Jugez d'après ce nombre quelles légions de petits rongeurs une compagnie de buses peut détruire dans un canton. A côté de l'éloge ne dissimulons pas le blâme. Je sais que la buse ne se gêne pas, quand une belle occasion se présente, pour achever un levraut blessé; je sais aussi qu'en temps de neige, pressée par la faim, elle enlève le petit poulet qui s'émancipe hors de la basse-cour. Mais que sont ces rares larcins en comparaison des milliers de rongeurs de toute espèce dont elle purge nos champs! En quelque saison que l'on ouvre le jabot d'une buse, on est certain d'y trouver par douzaine, souris, mulots et campagnols. Si j'avais un champ ravagé par ces rongeurs, je m'empresserais d'y établir quelques morceaux de tronc d'arbre, pour servir de juchoirs et de points d'observation aux buses dans leurs patientes chasses.

La *Buse bondrée* ou tout simplement la *Bondrée* est encore un oiseau fort utile, qui se nourrit de larves, de chenilles, d'insectes et particulièrement de guêpes.

Emile. — De ces guêpes qui font tant de mal quand elles piquent?

Paul. — Oui, mon ami, la bondrée est friande des guêpes, dont la piqûre est si douloureuse; elle les avale sans nul souci de leur aiguillon, comme le hérisson mange la vipère sans se préoccuper de ses crochets venimeux. Elle assaille leurs nids à coups de bec pour extraire les nymphes des cellules, et les apporter, tendres et grasses, à ses petits.

La bondrée est un peu moindre que la buse commune. Le dos en est brun, la gorge est d'un blanc jaunâtre avec des lignes brunes, la poitrine et le ventre blancs et mouchetés de taches obscures en forme de cœur. La queue est traversée par trois larges bandes sombres. Le bec est noir. Enfin la tête du vieux mâle est d'un gris bleu. La bondrée niche dans les bois sur les arbres élevés. Ses œufs sont assez petits, d'un blanc jaunâtre, marqués de grandes taches brunes, parfois si nombreuses que le fond s'aperçoit à peine.

La *Buse pattue* a les pieds revêtus de longues plumes comme certaines races de pigeons portant la même dénomination. Elle fréquente les bords des rivières, les plaines incultes, les bois, et vit de mulots, de taupes, de reptiles, au besoin d'insectes.

Terminons là notre conversation sur les oiseaux de proie. Je vous ai fait connaître les principaux rapaces, tant diurnes que nocturnes, je vous ai dit leurs mœurs, leur nourriture, les services qu'ils nous rendent ou les dommages qu'ils nous font. C'est maintenant à vous de compléter ces trop courtes notions par l'observation des faits qui journellement se passent sous vos yeux. Ne dédaignez pas de donner un coup d'œil attentif à la buse qui, juchée sur une motte, attend patiemment le mulot, à la crécerelle qui vole en criant autour du clocher et fond tantôt sur la souris, tantôt sur le moineau, au milan qui plane immobile dans le bleu du ciel ; vous trouverez dans les traits de mœurs recueillis par vous-mêmes d'abord la satisfaction de l'esprit, toujours avide de savoir, et par surcroît des renseignements très-utiles aux intérêts de l'agriculture.

Jules. — Il me semble, mon oncle, que vous avez oublié les oiseaux de proie les plus communs, les corbeaux.

Paul. — Les corbeaux ne sont pas des oiseaux de proie; ils n'ont pas le bec crochu, les serres prenantes, les ongles acérés et recourbés des oiseaux faits pour vivre de rapine. Je vous en parlerai demain.

XX. — Le Corbeau.

Paul. — Le plumage noir et la conformité de tournure sont cause que nous confondons d'habitude sous le nom de corbeau plusieurs espèces différentes. Le corbeau proprement dit, le vrai corbeau est ce gros oiseau tout noir, de la taille du coq, qui, de sa grosse voix enrouée, dit lentement *crau*, *crau*, *crau*. C'est lui qui s'est valu auprès des enfants tant de réputation depuis la fameuse fable du Corbeau et du Renard.

Emile. — Oui, je sais ; vous voulez parler de maître Corbeau qui, sur un arbre perché, tenait en son bec un fromage. Où l'avait-il pris, ce fromage?

Paul. — L'histoire se tait sur ce grave sujet. Mon avis

serait qu'il l'avait volé sur quelque fenêtre où la fermière le laissait sécher dans un corbillon de jonc.

Emile. — Le renard dit bonjour à Monsieur du Corbeau. Il loue son plumage : Que vous êtes gentil, que vous me semblez beau. Et puis ceci, et puis cela. Devait-il se rengorger, le corbeau, de s'entendre ainsi complimenter.

Paul. — Ce renard était un fin matois. Pour mieux faire tomber le corbeau dans le piége de flatterie, au lieu de débuter par des louanges outrées, qui auraient pu éveiller la méfiance de l'oiseau, non dépourvu de quelque bon sens, il commence par faire l'éloge de ce qui n'est pas vraiment sans mérite. Vu de près, le corbeau n'est pas d'un noir uniforme : il a sur le dos des reflets pourprés et bleuâtres et sous le ventre une teinte verte ondoyante. Cela reluit, cela brille à la manière des métaux polis. Aux premiers mots flatteurs, le corbeau, vous vous en doutez bien, donne à son costume un coup d'œil complaisant, et le voyant reluire de bleu, de pourpre et de vert, le trouve aussi riche que le dit le renard. Maintenant l'oiseau est préparé à point, il est mûr pour la grosse louange. Le renard lui fera croire que sa puanteur de charogne est arôme de musc, que son croassement est mélodieux ramage. C'était là le difficile, le faire croasser, lui faire ouvrir le bec, qui tenait le fromage.

Emile. — Sans mentir, si votre ramage se rapporte à votre plumage, vous êtes le phénix des hôtes de ce bois.

Paul. — Voyez-vous venir le roué coquin. L'affreux *crau*, *crau* est appelé ramage, gazouillement de fauvette, cantate de rossignol. S'il avait débuté par là, son compliment trop grossier le faisait échouer. Mais il a très-habilement préparé les voies, et de plus, pour mieux piquer la sotte vanité du corbeau, il met à son admiration une forme dubitative. Je sais, dit-il, que vous possédez un chant rendu célèbre par la renommée, on en parle avec éloges dans tout le canton ; mais encore ce ramage se rapporte-t-il au plumage, ce chant est-il digne d'une si grande magnificence de costume? Il faudrait l'entendre, et alors, sans mentir, vous seriez dans nos bois l'oiseau parfait, unique, le phénix. — Ha! tu en doutes, se dit en lui-même le corbeau; écoute cette roulade: *Crau, crau, crau!*

Emile. — Et pour montrer sa belle voix, il ouvre un large bec, laisse tomber sa proie. Le renard s'en saisit.

Paul. — Pas encore: il n'aurait pu parler avec le fromage entre les dents et donner au corbeau la leçon de la fin. Je le vois mettre la patte sur le fromage, se passer la langue sur les babines et regarder malicieusement l'oiseau confus; puis: mon bon monsieur, apprenez que vous êtes un sot vaniteux.

Emile. — Il ne l'appelle plus Monsieur du Corbeau, maintenant qu'il tient le fromage.

Paul. — Ce titre de gentilhommerie était bon au début pour flatter le corbeau; à présent le renard se moque de lui et lui dit mon bon monsieur en manière de doucereuse condoléance. Plaindre les gens qu'on a dupés, n'est-ce pas la perfection de la coquinerie. Voilà certes un renard qui fera son chemin dans le monde. Lisez dans La Fontaine, l'incomparable conteur, les tours pendables qu'il joue plus tard au bouc, au loup et à tant d'autres, ou plutôt attendez encore, nous les lirons ensemble au coin du feu cet hiver. Pour le moment laissons le corbeau de la fable pour apprendre la manière de vivre du corbeau de l'histoire.

Cet oiseau ne se rassemble pas en troupes comme le font les corneilles; il vit solitaire ou par couples sur les rocs escarpés et les arbres les plus élevés. La société ou même le voisinage de ses pareils lui est insupportable. Il chasse de son canton à grands coups de bec tout corbeau qui tenterait de s'y établir, serait-il le fils de son nid. Si l'intrus est de simple passage, il le conduit avec menace jusqu'aux frontières de ses domaines et ne le quitte du regard qu'après l'avoir vu se perdre dans l'éloignement. Les corneilles, amies de la société, sont traitées avec la même rigueur. Le corbeau veut être seul, tout seul, sur son roc pelé, et gare au malavisé qui viendrait troubler sa solitude. Il établit son nid sur les hautes branches d'un arbre isolé, mais de préférence dans quelque crevasse d'un rocher à pic. Il le compose au dehors de bûchettes et de racines; au dedans, de mousse, de bourre, de chiffons, de fins gramens.

Jules. — Je voudrais bien savoir comment sont les œufs de corbeau.

Paul. — Les œufs des oiseaux sont en général d'une remarquable élégance, tant par la forme que par la coloration; à ce titre seul, ils méritent d'être observés. D'ailleurs il n'est pas sans utilité de savoir les distinguer les uns des autres, pour reconnaître au besoin s'ils appartiennent à une espèce utile qu'il faut respecter, ou bien à une espèce nuisible qu'il convient de ne pas laisser se multiplier dans le voisinage de nos cultures. Dans ce but, je vous ai déjà donné le signalement des œufs de nos principaux oiseaux de proie, dont les uns sont à détruire sans ménagement aucun et les autres à protéger. Puisque cela vous intéresse, j'en ferai autant pour ceux des oiseaux dont il me reste à vous parler. Sachez donc que les œufs du corbeau sont bien plus joliment colorés que ne le ferait supposer le triste plumage de l'oiseau. Ils sont d'un vert bleuâtre avec des taches brunes. Ce fond bleu-vert, tantôt plus franc, tantôt plus terne, se retrouve, avec les taches brunes, dans les œufs des corneilles, des pies, des geais, des merles, des grives, des tourdes, oiseaux qui ont entre eux d'étroites ressemblances d'organisation malgré des mœurs, des dimensions et des plumages si variés. Certains merles, certains tourdes ont les œufs d'un magnifique bleu de ciel.

Le corbeau vit de tout. Fruits, larves, insectes, grains germés, chair fraîche et chair corrompue, lui conviennent également. Il est surtout avide de charogne, qu'il sait trouver à de grandes distances, guidé par la vue et par l'odorat. Où gît une bête crevée, il ne tarde pas à paraître, disputant aux chiens l'affreuse curée. L'habitude de se gorger de cette nourriture infecte lui communique une odeur repoussante. Quand lui manque la proie morte, plus convenable à ses goûts, à ses voraces appétits, à sa lâcheté, il chasse la proie vivante, le levraut, le lapereau, les petits rongeurs nuisibles ; il pille dans les nids les œufs et les oisillons nouveau-nés, succulent régal pour ses petits ; il a même l'audace d'enlever les poussins dans les basses-cours. Sans la moindre réclamation en sa faveur, je livre le corbeau à la haine que son plumage lugubre, son regard farouche, son croassement sinistre, son odeur infecte, son immonde voracité, son caractère féroce, de tout temps lui ont value.

XXI. — Les Corneilles.

Paul. — Nous avons en France quatre espèces de corneilles : la corneille noire, la corneille mantelée, le freux ou corneille moissonneuse et le choucas ou petite corneille des clochers.

La *Corneille noire,* en quelques provinces *Graille, Graillat*, *Grolle*, *Agrolle,* a le même plumage, la même physionomie que le corbeau, mais elle est d'un quart plus petite. Pendant la belle saison, elle vit par couples dans les bois, d'où elle ne sort que pour chercher à manger. Au printemps, sa nourriture consiste surtout en œufs d'oiseaux, de perdrix surtout, qu'elle va piller dans les nids en l'absence de la mère et qu'elle sait percer adroitement pour les porter à ses petits sur la pointe du bec. Elle a, comme le corbeau, le goût de la chair corrompue et des petits oiseaux encore revêtus de leur poil follet ; elle attaque le menu gibier affaibli ou blessé ; elle s'aventure dans les basses-cours pour voler un caneton inexpérimenté, un poussin écarté de sa mère. Le poisson pourri, les vers, les insectes, les fruits, les graines, suivant les temps et les lieux, lui gonflent le jabot. Elle adore les noix, qu'elle sait casser en les laissant tomber d'une certaine hauteur.

En hiver, les corneilles noires se réunissent par nombreuses troupes, seules ou bien en société des freux et des corneilles mantelées. Elles errent pas à pas dans les champs, pêle-mêle avec les troupeaux, sautant parfois sur le dos des moutons pour chercher quelque vermine sous la laine; elles suivent le laboureur pour se nourrir des larves que la charrue met à découvert; elles fouillent les terres ensemencées et mangent le grain attendri et rendu sucré par la germination. Le soir venu, elles s'envolent ensemble sur les grands arbres de quelque bois voisin, où elles jacassent au coucher du soleil, se lissent les plumes et finalement s'endorment. Ces arbres sont des lieux de ralliement, où tous les soirs les corneilles se rassemblent des divers points du canton, quelquefois de plusieurs lieues à la ronde. Au lever du jour, elles se divisent par compagnies plus ou moins nombreuses et vont qui d'ici, qui de là, chercher à manger dans les terres cultivées.

A la fin de l'hiver, la société générale est dissoute, les corneilles s'apparient et chaque paire se choisit dans quelque forêt voisine un district d'un quart de lieue de diamètre d'où tout autre couple est exclu afin que chaque ménage trouve sa subsistance. Le nid est placé sur les arbres de moyenne grandeur. Le dehors en est composé de petites branches et de racines entrelacées, grossièrement mastiquées avec de la terre ou du crottin de cheval; le dedans en est garni d'un matelas de fines racines. Si quelque oiseau de proie vient à passer à proximité du nid, le père et la mère l'assaillent avec fureur et lui fendent le crâne d'un coup de bec.

Emile. — Très-bien, mes braves corneilles; le rapace se tiendra pour dit qu'il ne fait pas bon venir troubler votre ménage.

Paul. — J'admire le courage des corneilles protégeant leur couvée, mais je ne peux leur pardonner leurs rapines dans les basses-cours, leurs vols de petits oiseaux et d'œufs, leurs fouilles dans les terres ensemencées. Inscrivez la corneille noire parmi les bandits à détruire.

Faites-en autant pour la *Corneille mantelée*, ainsi appelée à cause de l'espèce de manteau ou plutôt de scapulaire gris blanc qui s'étend par devant et par derrière depuis les épaules jusqu'à la queue. Le reste du plumage est noir avec des reflets bleuâtres, comme celui du corbeau. Cette corneille nous arrive sur la fin de l'automne, se met en société des corneilles noires et des freux, et se répand dans les champs à la recherche des grains germés et des larves. Sur les bords de la mer, où elle est bien plus fréquente que dans l'intérieur des terres, elle vit de poissons et de coquillages rejetés par la vague ou abandonnés par les pêcheurs. La disette seule peut la contraindre à se nourrir de charogne, régal de la corneille noire et du corbeau. En mars, la corneille mantelée nous quitte pour aller nicher dans les pays du nord.

Le *Freux*, un peu plus petit que la corneille noire, a le plumage de cette dernière avec des reflets plus violets et plus cuivrés. Son bec est aussi plus droit et plus pointu. Très-facilement il se fait reconnaître parmi la gent noire des corneilles et des corbeaux, au signe caractéristique de son métier. Il a la peau du front et des entournures du bec toute dégarnie de plumes, blanche, farineuse et comme cicatrisée. L'oiseau naît-il en cet état ? Nullement. De même que l'ouvrier maniant de rudes et lourdes pièces gagne à ses mains de nobles durillons, de même le freux acquiert au travail les cicatrices galeuses de son front. C'est un fervent piocheur et sa pioche est le bec, qu'il enfonce en terre aussi profondément qu'il peut. Par un frottement continuel contre le sol, le front et le tour entier de la base du bec perdent leurs plumes, deviennent chauves, s'écorchent même et se couvrent de rugueuses cicatrices. Le but du freux en cette pénible besogne est d'atteindre les vers blancs et toutes les mauvaises larves, fléau des terres cultivées. J'en vis un jour de très-occupés, dans un champ inculte, à soulever et retourner les pierres éparses çà et là. Ils y allaient avec tant d'ardeur, qu'ils faisaient sauter à hauteur d'homme les pierres les moins lourdes. Or devinez ce qu'ils cherchaient, si affairés. Ils cherchaient des insectes et toute espèce de vermine. A ce métier de retourneurs de pierres et de piocheurs, les freux ne peuvent manquer d'endommager l'outil, le bec, et d'en déplumer la base.

J'aurais en grande estime ces oiseaux s'ils se bornaient à la chasse des insectes et des vers, malheurensement ils ont un goût très-prononcé pour les graines germées, friandise sucrée qui leur inspire d'ingénieux moyens de s'en procurer. On dit qu'ils ont l'habitude d'enfouir des glands, et qu'ils les retrouvent longtemps après quand la germination leur a fait perdre leur saveur acerbe.

Emile. — Ce n'est pas mal imaginé pour une corneille. Le gland amer et dur est mis confire dans la terre. Quand il juge la préparation à point, le freux, qui a bonne mémoire, revient à son atelier de confiserie déterre le gland devenu tendre et d'agréable saveur, et s'en régale.

Paul. — Jusque-là, rien de blâmable : un boisseau de glands de plus ou de moins, ce n'est pas une affaire, volontiers je l'abandonne aux freux pour exercer leur curieuse industrie. Mais toute graine en germination leur convient pareillement ; le blé surtout, si facile à se procurer l'hiver dans les terres nouvellement ensemencées. Quand je vois une bande de freux errer gravement pas à pas dans les sillons, enfonçant d'ici et de là le bec dans la terre ramollie par le dégel, je sais bien que ces oiseaux auraient à faire valoir pour excuse qu'ils cherchent des vers de hannetons. Bien naïf qui accepterait cette excuse : en ce moment de l'année, les vers blancs sont descendus à une trop grande profondeur pour que le bec des freux puisse les atteindre. C'est le blé qui réellement est atteint. Comme les freux vont par troupes extrêmement nombreuses, par vols capables d'obscurcir le ciel, on comprend que de tels moissonneurs aient bientôt fait la récolte. Ce n'est pas tout : en automne les freux font grande consommation de noix et de châtaignes ; au printemps, ils fouillent les champs de pommes de terre pour extraire les tubercules nouvellement plantés.

Louis. — Ces maraudeurs-là ne pourraient-ils se repaître de bêtes mortes, comme le font la corneille noire et le corbeau ?

Paul. — Jamais le freux ne touche aux bêtes mortes, si pressé qu'il soit par la faim. Il lui faut du grain et des fruits ou bien des larves et des insectes. Suivant qu'il se livre à l'un ou à l'autre de ces genres de nourriture, le freux est pour nous un auxiliaire ou un ennemi. Aussi des avis opposés sont émis sur son compte. Les uns, ne prenant en considération que ces dégâts dans les terres ensemencées, veulent qu'on leur fasse une guerre implacable et calculent que pour un freux détruit, c'est au moins un boisseau de blé de gagné. D'autres ont principalement en vue la destruction des larves et des insectes. Ils disent que les freux méritent bien de l'agriculture, qu'ils débarrassent les prairies de leur vermine, qu'ils suivent le laboureur pour ramasser les vers blancs dans les sillons, qu'ils atteignent de leur bec pointu le hanneton se métamorphosant en terre. Pour ces motifs, très-bien fondés du reste, ils déclarent le freux digne de notre protection.

Louis. — Lequel des deux avis adopter?

Paul. — A mon sens, ni l'un ni l'autre, mais prendre un moyen terme comme au sujet de la taupe. Si les vers blancs abondent, tolérons les freux, qui leur font si bien la guerre ; dans le cas contraire, chassons-les de nos champs. Nous avons contre les larves de hannetons deux auxiliaires de première valeur, la taupe et le freux, pour lesquels malheureusement il faut mettre en balance les services et les dégâts. Respectons-les si nous avons à craindre un mal pire, débarrassons-nous de leur présence si nos champs sont en bon état.

Toute l'année le freux vit en société de ses pareils. Il va par troupes à la recherche du manger, il niche par troupes dans le même canton. Un seul chêne porte parfois une douzaine de nids, et les arbres voisins en portent chacun tout autant dans une assez grande étendue de terrain. C'est grand vacarme dans la cité aérienne au moment de la construction des nids, car les freux sont très-criards et de plus enclins au vol entre voisins. Quand un jeune couple, sans prudence encore, abandonne un moment sa bâtisse pour aller à la recherche d'autres matériaux, les voisins pillent son nid et emportent celui-ci une bûchette, celui-là un brin d'herbe et de mousse, pour l'employer à leur propre construction. A leur retour les volés entrent dans des colères bleues, accusent l'un, accusent l'autre, s'entendent avec quelques amis et tombent à grands coups de bec sur les voleurs, si le larcin n'a pas été habilement dissimulé. Pour s'éviter pareil pillage, les couples expérimentés ne laissent jamais le nid seul : l'un reste et garde la maison pendant que l'autre va quérir des matériaux.

Le *Choucas* ou *petite corneille des clochers* est tout noir et de la grosseur d'un pigeon. Comme le freux, il vole en troupes et niche en société de ses pareils. Les hautes tours, les vieux châteaux, les clochers des églises gothiques sont sa demeure de prédilection. Ses nids, composés de quelques bûchettes et d'un peu de paille, sont tantôt isolés un à un dans des trous de mur, tantôt placés les uns près des autres et comme entassés. Le choucas ne cesse de jeter, quand il vole, un cri aigre et perçant. Il se nourrit d'insectes, de vers, de larves, de grains, de fruits, jamais de chair corrompue. Il rend quelques services en échenillant les arbres, mais je lui reproche de faire la chasse aux œufs des petits oiseaux. Quoique les choucas habitent en tout temps nos vieux édifices, ils voyagent cependant pour la plupart en nombreuses bandes, tantôt seuls, tantôt de compagnie avec les freux et les corneilles mantelées.

XXII. — Les Pics.

En face de la maison de l'oncle Paul est un bosquet de hêtres plusieurs fois séculaires, dont le branchage s'entrelace à une grande hauteur et forme une voûte continue de verdure supportée par des centaines de troncs lisses et blancs comme des colonnes. C'est là qu'en automne Émile et Jules vont chercher, au milieu de la mousse, des champignons de toutes les couleurs, pour les soumettre à l'oncle, qui leur apprend à distinguer les espèces bonnes à manger et les espèces malfaisantes. C'est là qu'ils chassent de beaux coléoptères : le cerf-volant (*fig.* 44), dont la grosse tête plate et carrée porte d'énormes pinces branchues; les grands capricornes noirs, qui courent au coucher du soleil sur les branches mortes en recourbant leurs antennes noueuses, bien plus longues que le corps; les saperdes, également empanachées de longues cornes, mais dont les élytres sont richement colorées tantôt de bleu cendré, tantôt de jaune ou de roux avec des mouchetures et des rubans de velours noir. Une foule d'oiseaux de toute espèce ont choisi ce bosquet pour domicile. Le geai batailleur s'y querelle avec ses pareils pour un grain de faîne; la pie y babille sur une haute branche, puis va s'abattre dans le pré voisin, hochant la queue et regardant autour d'elle d'un œil méfiant; les corneilles s'y donnent rendez-vous pour leur assemblée du soir; le pic y cogne les vieilles

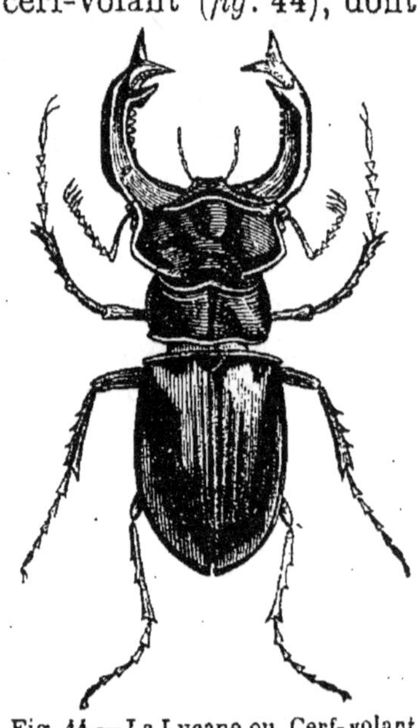

Fig. 44.— La Lucane ou Cerf-volant.

écorces pour en faire sortir les insectes et les happer de sa langue visqueuse. Entendez-le, il est à l'œuvre : *toc*, *toc*, *toc*. Si quelque chose le dérange dans son travail, il s'envole en jetant un cri *tiô*, *tiô*, *tiô*, *tiô*, *tiô*, *tiô*, rapidement répété trente à quarante fois de suite et semblable à un bruyant éclat de rire.

Quel est cet oiseau qui semble se moquer de nous en éclatant de rire lorsqu'il part, se demandaient un jour Emile et Jules, qui de leur fenêtre assistaient aux ébats des pics et des geais dans la ramée des hêtres. Jacques, le jardinier de l'oncle, les entendit tout en arrosant son carré de choux. Ayant bien disposé les rigoles pour la répartition de l'eau, il vint un moment sous la fenêtre causer avec les enfants.

JACQUES. — Cet oiseau-là, voyez-vous, c'est le pic, à plumage vert avec la tête rouge. Il a plusieurs espèces de cris. S'il doit pleuvoir, il dit *plieu*, *plieu*, *plieu*, en traînant la voix d'une façon plaintive. Quand il travaille, pour se donner de l'entrain à l'ouvrage, il jette de temps en temps un cri dur *tiacacan*, *tiacacan* qui retentit dans toute la forêt. A l'époque des nids, il prononce le rapide *tiô, tiô, tiô*, que vous venez d'entendre.

JULES. — Il a donc maintenant son nid dans le bois de hêtres ?

JACQUES. — Il travaille à le faire, car tout le matin je l'ai entendu cogner bien fort. Ce nid, voyez-vous, il le place au fond d'un trou, qu'il creuse lui-même à coups de bec dans le tronc d'un arbre. C'est un fier bec, allez, que celui du pic. Il est si dur et si pointu, que l'oiseau craint toujours d'aller trop avant dans le bois. Après deux ou trois solides coups donnés, il court vite de l'autre côté pour voir si le tronc n'est pas percé de part en part.

JULES. — Ah bah ! vous voulez rire.

JACQUES. — Du tout : on le dit comme ça, et puis j'ai vu souvent moi-même le pic s'empresser d'aller voir de l'autre côté du tronc.

JULES. — Le pic doit avoir un autre but que de s'assurer que l'arbre n'est pas transpercé. Je le demanderai à l'oncle.

JACQUES. — Demandez-lui aussi s'il connaît *l'herbe du fer*, avec laquelle le pic se frotte le bec pour le rendre plus dur que l'acier.

JULES. — Votre herbe de fer me paraît bien être un conte.

JACQUES. — On le dit comme ça, voyez-vous ; par moi-même, je n'en sais rien. On dit que c'est une herbe d'une grande rareté que le pic va chercher dans les montagnes les plus sauvages pour se durcir et s'aiguiser le bec. Tout ce qui est touché par cette herbe prend la dureté du meilleur acier. Quelle bonne trouvaille ce serait pour ma faux et ma serpe, ma faucille et mon greffoir. J'en sais plus d'un qui donnerait un beau sac d'écus pour le secret du pic.

Les choux avaient assez bu, c'était le tour des laitues. Jacques revint à ses rigoles d'arrosage, tandis que les enfants se creusaient la tête pour savoir ce qu'il pouvait y avoir de vrai dans cette herbe du fer et dans cette appréhension du pic de percer de part en part un tronc d'arbre à chaque coup de bec. Ce fut le sujet de la conversation du soir avec l'oncle.

PAUL. — Il y a du vrai et du faux à la fois dans ce que vous a dit mon brave Jacques. Le vrai, c'est ce qu'il a observé lui-même; le faux, c'est ce qu'il répète d'après les croyances reçues dans la campagne. Il vous a très-bien renseignés sur les divers cris du pic, qu'il connaît à merveille pour les avoir souvent entendus; il a dit vrai sur l'habitude qu'a l'oiseau de se porter rapidement de l'autre côté du tronc qu'il vient de frapper de quelques coups de bec. Tout le reste est une fausse interprétation des manœuvres du pic ou bien un conte imaginé à plaisir et dont l'histoire véritable vous fera entrevoir l'origine.

Les pics se nourrissent uniquement d'insectes et de larves, surtout des espèces qui vivent dans le bois. Les gros vers des capricornes, des cerfs-volants, des saperdes et autres coléoptères sont leur mets favori. Pour les atteindre, il faut faire voler en pièces les écorces mortes et sonder le bois vermoulu. L'instrument employé à ce rude travail est le bec, qui est droit, en forme de coin, carré à la base, cannelé dans sa longueur et taillé à la pointe comme un ciseau de charpentier. Il est d'une substance si dure, il est si solide, que, pour s'expliquer un outil de cette perfection, quelque bûcheron naïf a imaginé le conte répété depuis, le conte puéril de l'herbe du fer. Ai-je besoin de vous dire que cette herbe n'existe pas, et qu'il n'y a même au monde rien qui, par son contact, puisse communiquer aux objets la dureté du fer ou de l'acier?

Jules. — Je m'en doutais bien quand Jacques en parlait ; je n'ai jamais voulu ajouter foi à son herbe merveilleuse.

Paul. — Le pic n'a nullement besoin de se frotter le bec contre n'importe quoi pour lui communiquer la dureté que nécessite l'ouvrage à faire; il naît et vit avec un bec solide, qui n'a jamais besoin d'une retrempe. Ce bec sort d'un crâne très-épais que n'ébranlent pas les commotions du choc; il est mis en mouvement par un cou robuste et raccourci, qui réitère les chocs sans fatigue, dût l'oiseau creuser le bois jusqu'au cœur du tronc. L'excavation faite, le pic y darde une langue démesurément longue, arrondie comme un ver, visqueuse, armée d'une pointe dure et barbelée dont il perce, dans leurs trous, les larves mises à découvert.

Pour grimper contre le tronc d'arbre exploré et se tenir accroché de longues heures, s'il le faut, au point qui lui paraît recéler des larves, le pic a des jambes courtes, puissamment musclées, que terminent des pattes à quatre doigts épais, tournés deux en avant et deux en arrière et armés d'ongles robustes et arqués. La station contre la surface verticale d'un tronc d'arbre est non-seulement favorisée par la répartition des doigts en deux couples égaux en avant et en arrière, et par la puissance des ongles qui se cramponnent aux rugosités de l'écorce, mais encore par un troisième point d'appui fourni par la queue. Les fortes plumes de la queue sont raides, un peu fléchies en dedans, usées au bout et garnies de soies rudes. Quand il frappe du bec un point qui demande un travail prolongé, le pic s'établit solidement sur le trépied de la queue et des deux pattes et se maintient inébranlable dans les positions les plus incommodes (*fig.* 45) ; sans se lasser, il peut en une séance dépouiller de son écorce le tronc d'un arbre sec.

Ce qu'il cherche avec tant de persévérance, ce sont les insectes nichés sous les écorces. Il sait reconnaître, au son creux que rend le point frappé, si le bois est carié et nourrit des larves ; au son plus mat et plus sec, si l'emplacement ne mérite pas d'être exploité plus avant. Dans le premier cas, il enlève l'écorce, il fait voler le bois sain en copeaux, il déblaie à grands coups la vermoulure et atteint dans son gîte reculé quelque larve dodue de capricorne ; dans le second cas, il frappe deux ou trois coups bien appliqués pour ébranler les écorces sèches et effrayer les insectes qu'elles abritent. Aussitôt la population déménage, qui d'ici, qui de là, vers le point opposé du tronc, mais le pic, au courant de l'affaire, exécute un rapide demi-tour et se porte de l'autre côté pour gober les fuyards.

Fig. 45. — Pic moyen. Epée Lic

Jules. — A présent je comprends ce que me disait Jacques. Ce n'est pas pour voir s'il a percé le trou d'un coup de bec que le pic court de l'autre côté, mais bien pour s'emparer des insectes qui fuient. Je trouvais le pic bien sot de se croire de force à percer un tronc d'arbre d'un coup de bec ; maintenant que la cause véritable de sa manœuvre m'est connue, je le trouve bien rusé.

Paul. — Je vous le répéterai encore une fois : la bête a plus d'esprit qu'on ne pense, aussi prenons garde de tourner en mal des aptitudes dont la raison nous échappe. Ne dit-on pas de la buse qu'elle est stupide parce qu'elle est d'une incomparable patience pour guetter, immobile, le mulot soupçonneux. Voilà que maintenant on accuse le pic de la sotte présomption de percer un tronc d'arbre à chaque coup de bec, parce qu'il accourt saisir les insectes fuyant au côté opposé. Rappelez-vous ceci : il n'y a dans l'animal d'autre sottise que celle de notre propre manière de voir. Quand nous pouvons en saisir le véritable but, nous trouvons toujours ses actions d'une parfaite logique, et cela doit être. L'animal n'a pas le choix de ses actes, il est fait pour exercer d'invariables fonctions, conformes à son genre de vie et de tout temps déterminées par la providentièlle sagesse, qui ne peut faire commettre des inconséquences à des créatures dépourvues de liberté. Seul l'homme est libre; par un sublime privilége, il est abandonné aux inspirations opposées du bien et du mal, de la saine raison et des passions aveugles, afin qu'il y ait pour lui lutte méritoire en vue de ses immortelles destinées; il cherche et choisit à ses risques et périls, pour sa grandeur future ou sa confusion, le vrai ou le faux, le juste ou l'injuste, le beau ou le laid. De là résulte en nous une étrange association de force morale et de faiblesse, d'erreur et de vérité, de lumière et de ténèbres, d'élan et de recul. L'animal n'ayant pas à combattre comme nous le méritoire combat de la vie, est maintenant ce qu'il a toujours été, ce qu'il sera toujours; il fait aujourd'hui ce qu'il faisait hier, ce qu'il fera demain; depuis des siècles et des siècles, il le fait sans retouches, sans améliorations ni décadence, avec une logique inconsciente, mais infaillible, parce qu'elle est à tout jamais réglementée par l'universelle Raison.

La vie des pics se passe à circuler de bas en haut autour des arbres pour ébranler du bec les vieilles écorces, abri des insectes, et pour sonder toutes les fissures avec leur langue pointue, qui s'allonge comme un ver dans les couloirs des larves perforantes. Ces oiseaux sont préposés à la garde des forêts ; ils inspectent surtout les arbres maladifs, taraudés par la vermine et leur opèrent de salutaires sondages dans les points mortifiés. Parfois il leur arrive d'attaquer le vif, surtout en construisant leurs nids, et de compromettre la solidité de l'arbre par de profondes excavations. Mais ces dommages sont très-largement compensés, et, sans hésitation, je donne aux pics le titre de gardes forestiers, titre mérité par leur guerre assidue aux insectes destructeurs du bois. Rarement ils quittent leur chantier de travail, le tronc et les maîtresses branches, pour descendre à terre, si ce n'est lorsqu'ils ont découvert une fourmilière dont ils mangent les habitants avec délices. Ils établissent leur nid à une grande hauteur, au fond d'un trou rond ouvert à coups de bec dans le cœur d'un tronc d'arbre. Le matelas est fait de mousse et de laine. Les œufs, au nombre de quatre à six, sont, pour tous nos pics, blancs, lisses et lustrés comme de l'ivoire

XXIII. — Le Pic-vert. — L'Épéiche. — Le Torcol. La Sitelle.

Paul. — Le plus répandu de nos pics est le *Pic-vert*, grand comme une tourterelle. Son plumage est d'une richesse peu commune parmi nos oiseaux. Le haut de la tête et la nuque sont d'un magnifique rouge carmin, deux moustaches de la même couleur ornent la face, le dos est vert, la poitrine est le ventre sont d'un blanc jaunâtre, le croupion est jaune, enfin les fortes plumes des ailes sont noires et régulièrement marquées de blanc sur le bord. La femelle se distingue du mâle par des couleurs moins brillantes et par ses moustaches, qui sont noires au lieu d'être rouges.

C'est le pic-vert dont vous avez entendu ce matin dans le bois le *tiô*, *tiô*, *tiô* retentissant. Je ne reviendrai pas sur ses divers cris, que Jacques vous a fort bien décrits. Le pic-vert est passionné pour le régal de fourmis. Quand il découvre une fourmilière, il s'établit tout à côté et couche sa longue et visqueuse langue en travers du petit sentier suivi par les fourmis. Vous connaissez les habitudes de marche des fourmis en pérégrination. Elles vont à la file les unes des autres, sur un ou plusieurs rangs, sans se détourner de la voie suivi par les premières. La langue du pic, enduite d'une abondante glu fournie par la salive, est mise en travers de cette voie. Les fourmis arrivent, hésitent un peu devant la barricade noire, puis s'engageant sur le perfide piége pour rejoindre l'avant-garde qui chemine comme si de rien n'était. En voilà une de prise, en voilà quatre, en voilà dix qui se débattent engluées. Le pic ne bouge pas, il attend que la brochette soit au grand complet. Son attente n'est pas longue, la langue surchargée de gibier rentre au fond du bec. Voilà une bouchée. Sans désemparer, les mêmes manœuvres recommencent, la langue est couchée à terre et retirée noire de fourmis, jusqu'à ce que le pic soit rassasié.

Emile. — Les bêtes ont plus d'esprit qu'on ne pense, nous disiez-vous tantôt; cette ruse du pic me le fait bien voir. Au lieu de les becqueter une à une, travail bien long avec un gibier si petit, le pic prend les fourmis par douzaines à la fois. Il étale sa langue à terre sur leur passage, la retire quand elle est chargée de fourmis engluées, et c'est fait. Au moins la bouchée de la sorte en vaut la peine. Qui se serait avisé de faire un piége de la langue, un piége où le gibier se prend à la glu.

Paul. — L'amour des fourmis ne fait pas oublier au pic ses fonctions de conservateur des forêts. Il grimpe, toujours en montant, contre les troncs d'arbre, sondant les points malades et donnant des coups de bec qui retentissent au loin comme le choc d'un marteau. Si quelque passant le surprend au travail, le pic ne fuit pas tout d'abord; il tourne comme l'écureuil autour du tronc et va de l'autre côté, d'où il aventure un peu le bout du bec pour voir venir. Si l'homme avance, le pic continue son circuit, se tournant toujours à l'opposite, jusqu'à ce que la crainte le gagne. Il prend alors l'essor en jetant son hourra sonore, *tiacacan*, *tiacacan*. Il vole par élans et par bonds, il plonge, se relève et décrit dans l'air une série d'arcades ondulées.

Il creuse, pour l'établissement de son nid, un trou profond dans les arbres à bois tendre, comme les sapins et les peupliers. Le mâle et la femelle travaillent à grands coups de bec, en se relayant au plus difficile de l'ouvrage, au percement de la partie vive du tronc, jusqu'à ce qu'ils atteignent le centre vermoulu. Les copeaux, la poussière de bois, les éclats cariés sont rejetés au dehors avec les pieds; enfin le trou est rendu si oblique et si profond que la lumière du jour ne peut y pénétrer. Les petits sortent du nid bien avant qu'ils sachent voler. On les voit s'exercer autour du tronc natal, apprendre à grimper, circuler en spirale autour du tronc, s'accrocher le dos en bas. Je vous recommande leurs amusantes évolutions si vous avez jamais la bonne fortune d'assister aux ébats d'une jeune famille de pics.

Le *Pic-Epeiche* est de la taille d'une grive. Il a sur la nuque une large bande transversale rouge. Le dessus du corps est joliment varié de blanc pur et de noir intense, le dessous est blanc jusqu'au bas-ventre, qui est rouge ainsi que le croupion. La femelle n'a pas de rouge à la nuque. Sa nourriture est la même que celle du pic-vert. Il frappe contre les arbres des coups plus vifs et plus secs; si quelque chose lui porte ombrage, il se tient immobile derrière une grosse branche, le regard toujours fixé sur l'objet qui l'inquiète. Son cri est une espèce de grincement enroué *tre*, *re*, *re*, *re*, *re*.

Le *Pic varié* ressemble beaucoup à l'épeiche pour le

plumage. Il est un peu moins grand. Il est orné d'une calotte rouge qui lui couvre tout le dessus et le derrière de la tête, tandis que l'épeiche n'a qu'une bande de cette couleur sur la nuque. Le pic varié et l'épeiche habitent l'un et l'autre les grands districts forestiers de la France; ils vivent du même régime : insectes, larves perforant le bois et fourmis. Tous les deux, par leur costume de velours noir écussonné de blanc, et leur calotte écarlate, méritent de figurer parmi les plus jolis oiseaux de nos pays.

Joignons-y l'*Epeichette*, le plus petit de nos pics. Sa taille est celle d'un moineau, son costume est celui de l'épeiche. Cet oiseau habite presque exclusivement les forêts de sapins de l'Est et des Pyrénées.

Le *Torcol* est voisin des pics par la conformation de ses pattes, dont les quatre doigts se divisent en deux paires, l'une dirigée en avant, l'autre en arrière; par sa langue très-longue et enduite de glu qu'il darde dans les fourmilières, ou qu'il étale à terre pour cueillir les insectes passant. C'est un petit oiseau de la taille d'une alouette. Son plumage est ondé de noir, de brun, de gris et de roussâtre à peu près comme celui de la bécasse, mais les teintes sont plus nettes et d'un plus bel effet. Le torcol est un grand consommateur de chenilles, il est passionné pour les fourmis, qu'il prend à la manière des pics avec sa langue visqueuse couchée à terre sur leur passage. Son nom lui vient de l'habitude qu'il a de tordre et de tourner le cou en arrière, en renversant la tête vers le dos, avec des mouvements lents et onduleux pareils à ceux d'une couleuvre.

EMILE. — Pourquoi fait-il ainsi le serpent avec son cou tourné en arrière?

PAUL. — C'est une manière à lui d'exprimer la surprise et l'effroi; il veut peut-être, par ces replis tortueux de reptile, intimider son agresseur. Il y parvient quelquefois. Si quelque dénicheur grimpe à son trou pour lui dérober ses petits, le torcol jette du fond du nid un sifflement aigu et se met à faire onduler le cou. Les petits, encore sans plumes, à qui mieux mieux, imitent la mère, si bien que le dénicheur croit avoir mis la main dans un paquet de couleuvres, redressant et branlant leurs têtes plates. Horripilé, le gamin descend à la hâte, non sans laisser aux branches un lambeau de sa culotte.

Emile. — Tant pis pour le vaurien

Paul. — Le torcol nous arrive en avril et repart vers la fin de l'été. Il se tient sur la lisière des bois, et visite les jardins et les vergers pour écheniller. Il niche dans un trou d'arbre, et profite volontiers des travaux abandonnés du pic, qu'il dispose à sa façon par une légère retouche. Les œufs reposent sur une simple couchette de poussière de bois que l'oiseau fait tomber à coups de bec des parois de son trou. Ils sont blancs et vernissés comme ceux du pic.

Malgré la conformation de ses pieds, le torcol ne grimpe pas contre les arbres, rarement même il se perche; il préfère se tenir à terre pour rechercher des chenilles ou pour tirer la langue sur le sentier des fourmis, ce qui lui a valu dans les provinces du Midi le nom de *Tire-langue.*

La *Sitelle*, au contraire, quoique éloignée des pics par la disposition des pieds, est un grimpeur de premier mérite, qui passe la vie à circuler autour des troncs d'arbre, inspectant les fissures, refuge des insectes, et frappant du bec les vieilles écorces. Trois de ses doigts sont dirigés en avant, le quatrième est seul en arrière ; mais, pour la solidité de la station, ce dernier en vaut deux, tant il est large et fort, tant l'ongle qui le termine est robuste et crochu. Le bec rappelle celui du pic : il est droit, taillé à facettes et pointu. C'est un excellent outil pour fouiller le bois et en retirer les vers. La langue ne s'allonge pas comme celle des pics pour engluer les insectes; la queue ne sert pas de point d'appui (*fig.* 46).

La sitelle explore les vieux arbres en tous sens, tantôt montant et descendant le long du tronc ou tournant en spirale, tantôt visitant une branche par dessus, par dessous, de côté. Chaque fente est sondée de la pointe du bec avec un cri *tuî*, *tuî*, *tuî*, à chaque instant répété d'une voix forte. Bien peu d'insectes doivent échapper à des

Fig. 46. — Sitelle ou Torche-pot.

recherches aussi minutieuses. Si le vermisseau manque, la sitelle fait un frugal repas d'une noisette. Elle commence par l'assujettir solidement dans l'enfourchure de deux branches; puis la pioche du bec, en s'encourageant de la voix, jusqu'à ce qu'elle ait percé la robuste coque et mis l'amande à découvert.

Jules. — Ce doit être un travail bien long pour l'oiseau que de percer une noisette avec le bec.

Paul. — Mais non, c'est très-prestement fait, tant le bec est dur et pointu. Très-prestement encore, la sitelle mise en cage, perce la paroi de bois de sa prison et pratique une issue suffisante pour lui livrer passage. Le pic n'a pas un meilleur ciseau de charpentier.

La sitelle est à peu près de la grosseur du moineau. Elle a tout le dessus d'un cendré bleuâtre, la gorge et les joues blanches, la poitrine et le ventre roux. Une bande noire, partant du coin du bec, passe au-dessus de l'œil et s'étend sur les côtés du cou. Cet oiseau niche dans un trou d'arbre, dont il sait au besoin rétrécir l'ouverture trop grande avec un bourrelet de terre grasse. Les œufs, au nombre de cinq à sept, sont déposés sur de la mousse ou de la poussière de bois. Ils sont d'un blanc sale et pointillés de roux. Je ne saurais vous dire pour quels motifs on donne à la sitelle, dans quelques provinces, le singulier nom de *Torche-pot.*

XXIV. — Les Grimpereaux. — La Huppe.

PAUL. — Je viens de vous parler des pics et de la sitelle, mangeurs d'insectes dont le bec est solidement façonné en ciseau pour entamer l'arbre et extraire les vers engagés dans le bois. A la suite des pics, j'ai mis le torcol, qui ne pioche pas du bec les vieux troncs d'arbre, mais qui sait, comme les premiers, tendre la langue sur la voie des fourmis pour les engluer au passage. Voici maintenant d'autres consommateurs d'insectes, chargés d'un travail moins pénible, consistant à cueillir une à une sans effraction, toute bestiole réfugiée au fond des moindres fissures. Pour ce genre de chasse, le bec s'allonge, se recourbe, s'effile.

Comme leur nom l'indique, les *Grimpereaux* sont d'habiles grimpeurs. Leur bec est comprimé sur les côtés pour mieux pénétrer dans les fentes de l'écorce, grêle, fléchi en arc et finement pointu. Leurs pieds ont trois doigts en avant et un seul en arrière, plus fort. Nous avons deux grimpereaux en France; la queue de l'un possède quelques plumes longues et raides sur lesquelles l'oiseau prend appui dans ses ascensions à la manière des pics; la queue de l'autre n'a pas cet appareil d'escalade.

Le *Grimpereau familier* est un tout petit oiseau à plumage blanchâtre, tacheté de brun en dessus, teint de roux au croupion et sur la queue. Sa vie est des plus laborieuses. Il fréquente les bois, les vergers, les arbres de nos promenades publiques, toujours occupé à circuler rapidement dans tous les sens autour des troncs pour insinuer son bec effilé dans les fentes des écorces et saisir les moucherons, les punaises, les chenilles et les cocons de petits papillons. Il descend le long des arbres avec la même rapidité qu'il monte, ce que ne peuvent faire les pics, dont l'évolution est toujours ascendante, soit en ligne droite, soit en spirale. Il s'élève en voltigeant par petits bonds et s'aide de la queue appuyée contre l'arbre; arrivé à l'extrémité du tronc, il en descend précipitamment pour recommencer ses recherches sur l'arbre voisin. Il s'encourage, à chacun de ses mou-

Fig. 47. — Grimpereau.

vements, par une note aiguë et flûtée. La nuit venue, il se retire dans quelque tronc d'arbre. C'est là aussi qu'il fait son nid, composé d'herbes fines et de brins de mousse liés avec des fils de toile d'araignée. La ponte est de cinq à sept œufs d'un blanc pur et mouchetés de taches rousses.

Le *Grimpereau de muraille* porte encore le nom d'*Echelette*. Il grimpe le long des rochers a pic, des remparts et des vieilles murailles; il saisit dans les interstices des pierres divers insectes, des larves, des araignées et surtout leurs paquets d'œufs. Il se cramponne avec ses ongles, qui sont très-grands, sur les surfaces verticales explorées, sans faire usage de la queue pour point d'appui. Cet oiseau, de la taille d'une alouette, est d'une rare élégance de costume. Son plumage est d'un cendré clair, avec du rouge vif, du noir et du blanc pur aux ailes. La gorge est noire ainsi que la queue; celle-ci est en outre bordée de blanc à l'extrémité. La richesse de sa coloration et l'habitude qu'il a de stationner au vol devant les rochers qu'il explore, à la manière des papillons qui se soutiennent immobiles sur leurs ailes pendant qu'ils puisent avec leur trompe le suc des fleurs, lui a valu le nom expressif de *Papillon des rochers*. Il habite les Alpes, les Pyrénées et le Jura. En hiver, il visite les vieux édifices de nos villes.

La *Huppe* (*fig.* 48) est avant tout remarquable par la double rangée de longues plumes rousses, bordées de noir et de blanc, qui, au gré de l'oiseau, se couchent en arrière ou se dressent sur la tête et s'étalent en une élégante crête. Le reste du plumage est d'un roux vineux, excepté la queue et les ailes qui sont noires. Les ailes sont en outre ornées de bandes transversales blanches.

La huppe est de la grosseur d'une tourterelle. Elle vit solitaire, se plaît à terre et perche rarement, si ce n'est sur les branches inférieures des arbres. Ses lieux de prédilection sont les prairies humides qu'elle parcourt d'un pas grave en déployant de temps à autre sa belle crête, soit de satisfaction pour avoir trouvé un morceau qui lui plaît, soit de surprise pour la moindre alerte, car elle est très-craintive. De son long bec elle fouille le sol pour en tirer des vermisseaux, des scarabées, des courtilières; ou bien elle cueille les fourmis avec sa langue visqueuse. Repue, elle va à l'écart digérer à l'aise sur quelque basse branche. Au temps de la pariade, elle dit *pou, pou;* de là vient sans doute le nom de *Puput*, qu'on lui donne vulgairement.

On l'appelle encore *Coq puant*, à cause de l'infecte malpropreté de son nid. La huppe, de parure si élégante, n'est pas bien zélée pour la tenue de son logis, situé tout

Fig. 48. — La Huppe.

au fond d'un tronc d'arbre carié. Elle enduit la cavité d'un mortier fétide composé de terre glaise et de bouse, et dispose par-dessus une couchette de feuilles sèches et de mousses. Ce nid profond, de curage difficile, exigerait d'être journellement nettoyé des immondices des jeunes. La huppe n'en fait rien, elle laisse l'ordure s'accumuler jusqu'à former un rempart tout autour du nid. Ce système de retranchement excrémentiel peut être une excellente mesure contre le dénicheur, qui n'oserait plonger la main dans cette infection, aussi je ne veux pas trop blâmer l'oiseau de sa puante manière de bâtir.

La huppe ne reste chez nous que la belle saison. Vers le mois de septembre, elle traverse la Méditerranée et va passer l'hiver sous le ciel plus chaud de l'Afrique.

XXV. — Le Coucou.

Sur un vieux poirier touffu, tout au fond du jardin de l'oncle Paul, une fauvette à tête noire avait construit son nid. Jour par jour, Jules avait discrètement suivi le travail de l'oiseau; il avait vu la fauvette apporter un à un des brins d'herbe sèche, les entrelacer en forme de coupe, puis garnir l'intérieur d'un matelas de crin. Finalement les œufs étaient venus; il y en avait cinq, d'un marron clair, marbrés de traits plus foncés. Écartant bien doucement la ramée en l'absence de la mère, et se dressant sur la pointe des pieds, Jules avait vu tout cela, sans y toucher, bien entendu; il avait donné un rapide coup d'œil au gracieux ensemble des cinq œufs groupés au fond du nid. La ponte était finie, l'oncle le lui avait dit; maintenant allait commencer l'incubation, et, dans peu de jours, cinq petites créatures, aveugles et sans plumes, devaient, au moindre frôlement dans le feuillage, ouvrir leur bec jaune pour recevoir la nourriture. Jules déjà se faisait fête d'assister de loin à l'éducation de la nitée; il voulait, lorsque les oisillons seraient devenus grandelets, leur distribuer lui-même dans le nid quelques rations de petites chenilles et de vermisseaux, à l'extrémité d'une bûchette. Puis les jeunes fauvettes quitteraient le nid et le jardin compterait cinq échenilleurs de plus, payant de leurs services et de leurs joyeuses chansons l'affectueuse bienveillance de l'enfant.

Voilà ce que se disait hier Jules; aujourd'hui il revient tout soucieux de sa visite au nid. Un événement grave le préoccupe : avec les cinq œufs de la fauvette, un sixième s'est trouvé, un peu plus gros et de couleur différente. D'où provient cet œuf étranger? qui l'a mis dans le nid et pourquoi? — L'oncle consulté se rendit au nid et revint avec l'œuf.

PAUL. — Votre nid de fauvette, mon cher enfant, l'a échappé belle; sans votre visite de ce matin, la future nichée était perdue. L'œuf que j'apporte est un œuf de coucou.

JULES. — Je ne vois pas du tout pourquoi cet œuf s'est trouvé dans le nid d'une fauvette; je ne comprends pas non plus quel danger il faisait courir à la nichée future.

PAUL. — Vous le comprendrez quand je vous aurai dit les mœurs du coucou. C'est toute une histoire, vous llez voir, et des plus curieuses. Le coucou est cet oiseau qui, au premier printemps, lorsque les gazons s'émaillent de violettes et que les arbres épanouissent leur feuillage naissant, répète sans cesse *cou cou*, d'une voix plaintive et sonore.

JULES. — Je l'ai souvent entendu chanter sur la lisière des bois, mais je n'ai pu le voir de près.

EMILE. — Moi, je l'ai vu s'envoler; il m'a paru assez gros.

PAUL. — Le coucou est pour le moins de la taille d'une tourterelle; son plumage est gris-cendré sur le dos, blanc en dessous avec de nombreuses bandes brunes transversales semblables à celles de divers oiseaux de proie. Les ailes sont longues, ainsi que la queue, tachetée et terminée de blanc. Malgré son costume, imité de celui de l'autour et de l'épervier, le coucou n'appartient pas à la catégorie des oiseaux rapaces. Ses doigts manquent de force; son bec, assez long, est comprimé et légèrement arqué. Ce ne sont là ni les serres crochues ni le bec féroce d'un oiseau vivant de brigandage. La nourriture du coucou consiste uniquement en insectes et en chenilles. Vous vous rappelez les processionnaires du chêne, ces affreuses chenilles noires qui filent de grands nids de soie contre le tronc d'un arbre, et dont les poils barbelés causent de si vives démangeaisons?

JULES. — En nous racontant l'histoire des ravageurs, vous nous avez dit que le coucou les mange.

PAUL. — Il en fait son régal, ainsi que de toute chenille velue; mais les poils sont roulés en pelotes dans l'estomac, puis rejetés par le bec. Comme grand consommateur d'insectes et de chenilles, le coucou mérite protection; il est seulement fâcheux qu'une foule de petits oiseaux, nos plus dévoués auxiliaires, soient dupes de sa perfidie. Arrivons au fait.

La femelle du coucou ne construit jamais de nid. Elle ne sait pas couver; disons mieux pour son excuse : la structure de sa poitrine ne permet pas suffisamment, paraît-il, la transmission de chaleur nécessaire à l'éclosion des œufs ; et d'autre part ses pontes, renouvelées à des intervalles assez rapprochés pendant toute la belle saison, ne lui laissent pas le temps de s'établir en ménage. Bref, cet oiseau ne connaît pas les douces joies de la maternité; incapable d'élever une famille, non par vicieux travers, mais par fatale nécessité, il abandonne ses œufs aux soins de la charité publique.

JULES. — Alors l'œuf de coucou trouvé dans le nid du jardin, devait être soigné par la fauvette?

PAUL. — Précisément. Or, voyez un peu par quelle suite d'étonnantes combinaisons l'œuf étranger est adopté par une autre mère. N'oubliez pas que le coucou vit absolument d'insectes. Il faudra des chenilles au nourrisson élevé par une mère qui n'est pas la sienne. Où trouver cette nourriture si ce n'est dans les nids des espèces vouées au régime des insectes, comme les fauvettes, les rouge-gorges, les mésanges, les rossignols, les traquets, les lavandières et autres. C'est à ces nids précisément que le coucou s'adresse. Il lui arrive quelquefois encore de confier son œuf à des oiseaux qui vivent de graines, comme les linottes, les bouvreuils, les verdiers, les bruants; dans ce cas même une admirable prévision détermine le choix, car si les parents adoptifs se nourrissent de grains, ils élèvent leur famille avec des vermisseaux, de digestion plus facile, et le jeune coucou trouve ainsi dans la maison étrangère son alimentation du premier âge. Tout au contraire, l'œuf n'est jamais déposé dans les nids des cailles, des perdrix et des diverses espèces dont les petits vivent de grains dès leur sortie de la coque. Au sein d'une famille dont les usages alimentaires ne seraient pas les siens, les nourrissons périraient infailliblement de faim.

Jules. — Comment donc fait le coucou, cherchant un nid où déposer ses œufs, pour reconnaître ainsi le genre de nourriture des propriétaires?

Paul. — Si c'était par discernement, j'avoue que la sagacité du coucou dépasserait celle de l'homme; mais il y a dans le choix si rationnel de l'oiseau, simple inspiration inconsciente, comme nous en montrent tant d'exemples les merveilleux actes de l'instinct. Une prescience supérieure a tout combiné ici pour la réussite, sans la participation réfléchie de l'oiseau. L'œuf qui, d'après la taille du coucou, devrait égaler en grosseur ceux du pigeon ou de la tourterelle, n'a guère que le volume de ceux du moineau, afin de trouver place dans le tout petit nid de la fauvette et même du troglodyte, et de ne pas éveiller la méfiance de la mère adoptive par des dimensions disproportionnées. De plus cet œuf est variable de teinte, comme pour imiter un peu la coloration de ceux avec lesquels il doit être couvé, tantôt dans un nid et tantôt dans un autre. Il y en a de cendrés, de roussâtres, de teintés de vert ou de bleu faible. Quelques-uns ressemblent beaucoup à ceux du moineau; quelques autres sont mouchetés de taches à nuance variable et disposées sans ordre, petites ou grandes, rares ou nombreuses; d'autres, enfin, sont marbrés de lignes noires. Malgré ces variations, il est toujours facile de distinguer ce qui appartient au coucou dans le contenu d'un nid. Si, parmi les œufs, il s'en trouve un qui diffère des autres par sa forme et sa coloration, celui-là certainement provient du coucou. A ce signe seul j'ai reconnu l'œuf extrait du nid de la fauvette.

JULES. — Les cinq autres se ressemblent tous comme des gouttes d'eau; le sixième, que voilà, est bien différent.

PAUL. — Aussi suis-je certain qu'il appartient au coucou.

LOUIS. — Le coucou me paraît bien gros pour qu'il lui soit possible de s'installer dans le nid si petit d'une fauvette, d'un rouge-gorge ou d'un rossignol, et d'y pondre ses œufs.

PAUL. — Ce n'est pas de la sorte que l'oiseau procède. L'œuf est déposé à terre, au premier endroit venu; puis la mère le cueille avec le bec, le met en réserve au fond du gosier, dilaté en poche pour le recevoir, et s'envole dans les fourrés du voisinage à la recherche d'un domicile. Quand elle a trouvé un nid à sa convenance, elle allonge le cou par-dessus le bord, ouvre le bec et laisse doucement choir son œuf parmi les autres. Cela fait, le coucou se retire, sans jamais plus revenir au nid et s'informer de ce qui s'y passe. D'autres œufs sont placés de la même manière, qui d'ici, qui de là, un à un dans des nids différents.

JULES. — Et les maîtres des nids laissent en paix le coucou?

PAUL.—S'ils se trouvent chez eux, ils accueillent l'usurpateur à coups de bec et le chassent avec acharnement; mais d'habitude le coucou épie l'occasion favorable et vient furtivement au nid quand les maîtres n'y sont pas.

JULES. — A leur retour, ils doivent au moins s'apercevoir qu'il y a dans le nid un œuf étranger et le rejeter dehors?

PAUL. — Nullement. La couveuse s'aperçoit-elle qu'il

y a un œuf de plus à son compte ou ne s'en avise-t-elle pas, c'est ce que je n'oserais décider. Toujours est-il que, puisqu'il faut des coucous en ce monde, les choses sont disposées pour que leur race ne s'éteigne pas; et tous les œufs du nid sont couvés indistinctement avec la même assiduité, avec les mêmes soins maternels, enfin tous éclosent. Au début, cela ne va pas trop mal; les petits exigent peu de nourriture, et pour un convive de plus, les parents suffisent très-bien à la recherche des vermisseaux. La pâtée est équitablement répartie, pas plus pour les fils de la maison que pour l'étranger.

Mais voilà que le jeune coucou est de croissance plus rapide que les autres; il lui faut bientôt à lui seul toute la nourriture que peuvent se procurer la mère et le père adoptifs en s'exténuant à la peine; il ouvre à tout instant son large bec, il se plaint toujours de la faim. Puis il est trop à l'étroit dans la petite maison de crin et de laine. Son corps sans plumes, aplati et rougeaud, sa tête large, son bec, gouffre insatiable, ses gros yeux saillants, lui donnent l'aspect d'un crapaud installé au fond du nid. Il n'y a plus assez de place pour tous à la maison, il n'y a plus assez de vivres. Ici se perpètre une œuvre abominable. Le jeune coucou, s'aidant du croupion et des ailes, se glisse sous l'un des petits oiseaux dont il partage le berceau, le place sur son dos creusé à dessein en cuvette et l'y retient avec les ailes un peu relevées. Alors, se traînant à reculons jusqu'au fond élevé du nid, il se repose un instant, fait un effort et jette sa charge dehors.

EMILE. — Le misérable jette hors du nid les petits de la fauvette qui le nourrit?

PAUL. — Tout tranquillement, pour avoir plus grosse part. Du bout des ailes, il tâte un moment derrière lui pour s'assurer du succès de son forfait, et redescend au fond du nid pour se charger d'un autre oisillon. Tous y passent l'un après l'autre jusqu'au dernier, tous sont jetés hors du nid.

EMILE. — Si je me trouvais là, canaille de coucou!

Paul. — Que deviennent-ils, les pauvrets, ainsi mis à la porte de chez eux par le perfide intrus? Si le nid est élevé, tous périssent, écrasés par leur chute; et les fourmis se mettent incontinent à les disséquer. S'il est bas, quelques-uns survivent aux contusions et se réfugient dans la mousse où la mère va les consoler et leur apporter à manger. Le coucou reste seul.

Jules. — J'espère bien que cet affreux crapaud va maintenant périr de faim dans le nid. Le père et la mère dont la nichée est misérablement détruite, ne lui apporteront plus rien.

Paul. — C'est ce qui vous trompe. Ils continuent à le nourrir grassement comme si rien ne s'était passé ; ils font des miracles d'activité pour suffire à son robuste appétit ; ils ne se permettent pas un instant de repos afin de trouver de quoi donner à manger à ce bec toujours ouvert et assez large pour engloutir les nourriciers eux-mêmes.

Jules. — La fauvette n'a pas peur de son nourrisson goulu, capable de l'avaler ?

Paul. — Quoique mère de hasard, elle est tout entière aux saintes affections de la maternité. Elle arrive joyeuse, avec une chenille au bout du bec. Le coucou baille au bord du nid, laid comme un petit monstre. Sans crainte aucune, la fauvette donne la becquée en engageant sa tête dans le gouffre béant. Ce gouffre se referme, avale et baille encore, demandant autre chose. On accourt le lui chercher.

Jules. — Bonne fauvette, que d'abnégation en faveur de celui qui vient de ravager ton nid !

Paul. — Il faut bien qu'il en soit ainsi, sinon depuis longtemps il n'y aurait plus de coucous au monde pour nous délivrer des processionnaires du chêne.

Jules. — C'est égal, je n'aime pas cet oiseau

Ici Jules mit la main sur l'œuf de coucou trouvé dans le nid du jardin. — Vous permettez, fit-il à l'oncle avec un geste. — Je permets, répondit Paul, qui préférait dans son jardin cinq fauvettes sédentaires à un coucou vagabond; je permets. — Flac! voilà l'œuf écrasé contre terre.

XXVI. — Les Pies-grièches.

Paul. — L'imagination populaire s'est complue à renchérir sur les singulières mœurs du coucou : la fable est venue ajouter ses extravagances aux récits, déjà si étranges, de la vérité. Il circule encore aujourd'hui bien des contes au sujet du coucou ; je vous en dirai deux mots pour vous mettre en garde contre ces puériles croyances.

On dit d'abord que le coucou change deux fois par an de nature. Il est coucou tout le printemps, il est épervier le reste de l'année. Il nous arrive de loin en avril, avec la première forme, sur le dos du milan, qui veut bien lui servir de monture pour ménager la faiblesse de ses ailes, encore endolories du travail de la transformation. — Le plumage de l'oiseau qui, je vous l'ai dit, ressemble par les barres transversales brunes de la poitrine à celui de certains oiseaux de proie, a certainement donné lieu à cette prétendue métamorphose du coucou ou épervier, puis de l'épervier en coucou. Des observateurs trop naïfs se sont laissés prendre à cette variété de costume. L'oiseau chante-t-il, en avril et mai, c'est un coucou, puisqu'il en a la voix ; est-il muet, en été, c'est un épervier, puisqu'il en a le plumage. Donc le coucou devient épervier, donc l'épervier redevient coucou. Depuis des mille et mille ans ce raisonnement saugrenu a convaincu le grand nombre.

Le coucou émigre, il reste dans nos pays, d'avril en septembre, et se retire en Afrique aux approches de la mauvaise saison. Pour expliquer sa réapparition au printemps, on a imaginé de le faire transporter par un milan, qui le prendrait sur ses épaules. Inutile de vous dire qu'il n'y a pas un mot de vrai dans ces contes ridicules. Le coucou reste toujours coucou ; il revient des pays chauds sur ses propres ailes, comme revient l'hirondelle.

D'autres prétendent que le coucou se change en crapaud.

JULES. — N'est-ce pas parce que le coucou, encore au nid et sans plumes, est très-laid et ressemble au crapaud ?

PAUL. — Justement. Enfin on accuse le coucou de jeter sur les plantes une salive funeste, qui procrée des insectes. Voici la vérité vraie. Un tout petit insecte d'un vert tendre et semblable de forme à la cigale, a l'habitude de piquer de son suçoir les tiges des plantes pour en faire suinter la sève, qui s'amasse au dehors en un flocon de blanche écume ayant l'aspect de la salive. Au centre de cette mousse écumeuse et fraîche, l'insecte se tient dans le but de se garantir des ardeurs du soleil et de s'abreuver à l'aise. C'est là tout. L'insecte se nomme *Cercopis écumeux;* le tort qu'il fait aux plantes est insignifiant. La prétendue salive malfaisante du coucou est donc, en réalité, le résultat de l'ingénieuse méthode qu'emploie, pour se tenir au frais, une bestiole inoffensive. On en dit bien d'autres encore sur le compte du coucou; ce serait perdre son temps que de s'y arrêter. Passons.

A diverses reprises déjà nous avons causé d'auxiliaires douteux, qui nous font payer leurs services en commettant de graves méfaits. Vous venez de voir le mangeur de chenilles velues, le coucou, se rendre coupable de la plus noire ingratitude envers la fauvette, sa nourrice, et brutalement jeter à la porte les oisillons dont il usurpe le nid et qui seraient devenus des échenilleurs modèles. C'est payer un peu chèrement les services des consommateurs de processionnaires. Pour en finir avec ces oiseaux dont la conduite mérite, au point de vue des intérêts agricoles, un fâcheux mélange de blâme et d'éloge, laissez-moi vous parler des pies-grièches, grands destructeurs d'insectes, mais aussi barbares écorcheurs d'oisillons.

Malgré leur faible taille qui, pour les plus grandes, ne va pas à celle de la grive, les *Pies-grièches* ont la féroce intrépidité des plus gros oiseaux de proie. Elles poussent l'audace jusqu'à poursuivre le faucon qui s'aventure dans le voisinage de leur nid. Elles vivent surtout de gros insectes; malheureusement elles fondent aussi sur les petits oiseaux dont elles mangent avec avidité la cervelle et déchirent après les chairs en lambeaux. Pour cette vie de rapine, elles ont un bec robuste, crochu, denté vers le bout à la mandibule supérieure; des doigts forts, armés d'ongles acérés qui rappellent en petit les serres des oiseaux de proie. Nous en avons quatre espèces dans nos pays.

La *Pie-grièche commune* a la taille du merle, elle est d'un gris-cendré clair en dessus, blanche en dessous. Une large bande noire partant du bec contourne l'œil et s'étend sur la joue. Les ailes et la queue sont noires, ornées de blanc. Elle aime à se percher sur la haute cime des arbres, d'où elle répète sans cesse *troûi*, *troûi*, d'un ton aigu. Quand elle vole de la cime d'un arbre à l'autre, elle semble d'abord vouloir descendre à terre, puis elle se relève en décrivant en l'air une courbe gracieuse. Sa nourriture consiste surtout en mulots et gros scarabées, plus rarement en petits oiseaux qu'elle saisit au vol. Son nid est placé de préférence dans les haies épineuses et touffues. Il contient de quatre à six œufs, roussâtres et entourés vers le gros bout d'une couronne de taches brunes. Semblable couronne de taches se retrouve au gros bout de nos diverses pies-grièches et fournit un caractère distinctif des plus nets.

La *Pie-grièche à front noir* est reconnaissable, comme son nom l'indique, au large bandeau noir qui lui ceint le front. Sa taille est celle de l'alouette, elle a le plumage de la précédente, moins le ventre, qui est roussâtre. Les œufs, d'un blanc teinté de roux, ont la couronne du gros bout formée d'un grand nombre de petites taches rousses, brunes ou violettes.

La *Pie-grièche rousse* est un peu moindre. Elle a le dessus de la tête et du cou d'un roux vif, le ventre et le croupion blancs. Pour le reste, le plumage est conforme à celui des deux précédentes espèces.

La *Pie-grièche écorcheur* est la plus petite et la plus répandue. Elle est cendrée sur la tête et au croupion, d'un roux marron en dessus, d'un roux plus tendre en dessous. Un bandeau noir entoure l'œil. La gorge est blanche, les grosses plumes des ailes et de la queue sont noires.

Ces trois dernières pies-grièches imitent aisément le ramage des petits oiseaux et se servent, dit-on, de ce talent pour les attirer dans de mortelles embûches. L'écorcheur surtout est expert en ce genre de perfidie. Il s'embusque dans l'épaisseur d'un buisson pour contrefaire le chant des espèces qu'il entend babiller dans le voisinage. Les imprudents s'approchent à la voix d'appel qu'ils croient venue de quelqu'un des leurs, et l'écorcheur fond sur eux quand il les voit à sa portée. Cette ruse, toutefois, ne lui réussit qu'avec les oisillons inexpérimentés; les vieux connaissent le piége et se gardent bien d'y donner. L'oiseau saisi est écorché avant d'être mangé, telle est l'origine du nom d'écorcheur donné à cette quatrième espèce. Du reste, les autres pies-grièches partagent cette habitude. Comme elles n'ont pas la faculté de rassembler les plumes en pelotes dans leur estomac pour les rejeter après à la manière des chouettes, elles ont la précaution d'approprier le gibier en le dépouillant de sa peau par lambeaux. C'est une façon de plumer très-expéditive. Malgré ses traîtres appels, parfaitement imités, l'écorcheur n'a pas, tous les jours, la bonne fortune de faire des dupes; la méfiance des petits oiseaux déjoue ses perfides talents. La pie-grièche se contente alors de souris, de mulots, de sauterelles, de hannetons et de gros scarabées, surtout de ceux dont les larves vivent dans la vermoulure des arbres. Sa passion pour le scarabée est si vive, qu'une fois repue elle continue ses chasses uniquement pour le plaisir de chasser. Ne sachant plus que faire des insectes capturés, elle les embroche aux épines des buissons. Peut-être se monte-t-elle ainsi un garde-manger, où les viandes se faisandent et prennent un fumet de son goût.

Les autres pies-grièches ont également cette manie de

se faire des réserves de coléoptères embrochés aux épines, réserves que l'oiseau ne visite pas toujours et qui sèchent sur place sans usage. Mais peu importe ce gaspillage de gibier, le résultat final pour nous est excellent : nous sommes délivrés de pas mal d'ennemis par les fervents chasseurs. Après de tels services leur ferons-nous un crime irrémissible de se permettre parfois le régal d'un oisillon? Pour ma part j'hésite fort. Je plains de tout mon cœur le pauvre petit oiseau qui donne étourdiment dans les embûches de la pie-grièche, mais je plains aussi le bel arbre qui, privé de défenseurs, serait livré aux larves de capricornes et criblé de trous pleins de pourriture.

L'écorcheur fréquente les bosquets, les vergers, les jardins. Il niche dans les haies touffues, parfois entre les branches enchevêtrées des pommiers. Les œufs sont blancs, légèrement lavés de roux. La couronne du gros bout se compose de taches brunes, grises et verdâtres. Dans la construction du nid il entre une sorte d'immortelle sauvage (1), fréquente dans les champs et dont la tige et les feuilles sont abondamment couvertes d'une bourre cotonneuse blanche. L'intérieur se compose, en outre, de petits rameaux tordus et de fines racines entrelacées. La couche intérieure est richement garnie de laine, de duvet, de crin. Les autres pies-grièches font usage des mêmes matériaux, notamment de l'immortelle à bourre blanche.

XXVII. — Les Mésanges.

PAUL. — Enfin voici des échenilleurs sur le compte desquels ne court aucun sérieux reproche. Et d'abord les *Mésanges*.

Ce sont de gracieux petits oiseaux vifs et pétulants, toujours en action, qui voltigent sans cesse d'arbre en

(1) Ce sont les *Filago* et *Micropus* des botanistes, l'*Erbo d'ou Tarnagas* (Herbe de la pie-grièche) de la Provence.

arbre, en visitent soigneusement les branches, se suspendent à l'extrémité des plus faibles rameaux, s'y maintiennent dans toutes les positions, souvent la tête en bas, et suivent le balancement de leur flexible support sans lâcher prise, sans discontinuer leur visite des bourgeons véreux qu'ils mettent en pièces pour en extraire les vermisseaux et les œufs inclus. On calcule qu'une mésange consomme par an trois cent mille œufs d'insectes; il est vrai qu'elle doit suffire aux besoins d'une famille comme on en trouve très-peu d'aussi nombreuses. Vingt oisillons et plus à nourrir à la fois dans le même nid ne sont pas une charge trop forte pour son activité. C'est alors qu'il faut en visiter des bourgeons et des gerçures d'écorce pour trapper larves, araignées, chenilles, vermisseaux de toute espèce et donner à manger à vingt becs toujours baillant de faim au fond du nid. La mère arrive avec une chenille, la nichée est en émoi, vingt becs s'ouvrent, un seul reçoit le morceau, dix-neuf attendent. La mésange sort à l'instant pour une autre expédition, elle revient, repart infatigable, et, quand le vingtième est repu, le premier depuis longtemps recommence à bailler de faim. Je vous laisse à penser ce qu'un pareil ménage consomme de vermine en un jour. Aussi vous recommanderai-je hautement les mésanges comme ferventes échenilleuses de nos arbres fruitiers. On leur reproche, je le sais, d'ouvrir les bourgeons et de les détruire. Le mal n'est qu'apparent. Quand elles épluchent un bourgeon, c'est pour atteindre quelque petite larve logée entre les écailles et non les jeunes feuilles ou les fleurs en bouton. Mieux vaut que ce bourgeon véreux disparaisse; il n'aurait rien produit, et l'ennemi qu'il loge laisserait sa descendance pour ravager l'arbre, l'année d'après.

Louis. — Les mésanges ne se nourrissent donc pas de matières végétales?

Paul. — Nullement, si ce n'est parfois de quelques semences, comme le chènevis. Il leur faut une nourriture animale. Les petits insectes de toute espèce, leurs œufs et leurs larves conviennent aux mésanges avant tout. Leur goût pour la proie est si vif, qu'elles ont l'audace d'attaquer les petits oiseaux affaiblis ou pris aux piéges, pour leur faire sauter le crâne à coups de bec et manger délicieusement la cervelle. Il est vrai que les mésanges sont des oiseaux de grand courage malgré leur faible taille, très-vifs, hargneux, querelleurs ; vrais petits ogres en temps de famine. Leur bec est conique, robuste, court et pointu ; leurs doigts sont armés d'ongles recourbés, semblables à ceux des oiseaux de proie et doués de la faculté de saisir. L'oiseau met à profit cette faculté pour tenir sa nourriture et la porter au bec avec la patte comme le font les perroquets.

Après les couvées, les mésanges se réunissent par bandes composées d'une ou deux familles et voyagent de compagnie par petites étapes. Ces compagnies paraissent être conduites par un chef, le père ou la mère apparemment; elles se rappellent sans cesse d'un arbre à l'autre, se réunissent un instant, puis se dispersent encore pour se rapprocher de nouveau au cri d'appel du chef de bande. Leur vol est court, incertain, léger. Elles se répandent dans les forêts, les jardins, les champs, les vergers, passant l'inspection des arbres et des buissons, cueillant adroitement les larves et les insectes, s'accrochant des griffes à l'extrémité des roseaux flexibles et chassant dans toutes les attitudes.

Le genre mésange est nombreux en espèces. Nous en avons huit dans nos pays. Je vous parlerai seulement des principales.

La *Mésange charbonnière* est la plus grande ; sa taille est celle du rouge-gorge. Elle est d'un gris bleuâtre sur le dos et jaune en dessous. La tête est d'un beau noir lustré; une large bande de la même couleur traverse par le milieu la poitrine et le ventre, et contourne les yeux, ornés d'une grande tache blanche. Les grosses plumes des ailes sont bordées de cendré-bleu.

La charbonnière est fort commune dans les taillis et

les jardins. C'est elle qui, tout en inspectant les écorces des arbres fruitiers, répète, en automne, *titipu*, *titipu*, *titipu*, et donne parfois à sa voix un grincement de lime qui lui a valu, dans quelques provinces, le nom de *Serrurier*. Elle niche dans un trou d'arbre qu'elle garnit de matériaux doux et soyeux, de beaucoup de fines plumes principalement. La ponte est d'une quinzaine d'œufs blancs, tachetés de rougeâtre clair surtout vers le gros bout. Pour la subsistance de sa famille, il ne faut pas moins de trois cents chenilles par jour à la charbonnière, ou l'équivalent en tout genre de vermine. Ce que le jardinier, le pépiniériste, le forestier, doivent à cette vaillante échenilleuse est au bout de l'an incalculable. J'en ai vus pourtant plonger le bras, avec une sorte de rage, dans le tronc caverneux de vieux pommiers pour en extraire le nid de la charbonnière, et jeter au vent, à pleine main, œufs, plumes, oisillons éclos d'un jour. Et ils croyaient faire œuvre méritoire, car, à leur dire, la charbonnière mange les bourgeons. — Mais non, répéterai-je, la mésange ne mange pas les bourgeons; elle mange les petites larves logées entre leurs écailles et elle est trop clairvoyante pour s'attaquer aux bourgeons sains, qui ne renferment rien de bon pour elle. Laissez-lui donc éplucher en paix les bourgeons véreux qu'elle distingue très-bien des autres.

Pour varier sa nourriture, la charbonnière ne dédaigne pas le chènevis et la noisette, dont elle extrait l'amande avec une habileté du bec et de la patte, je dirais presque de la main, qu'aucun autre oiseau ne possède. Le moineau, le pinson, le chardonneret et les autres concassent le chènevis entre leurs mandibules; la charbonnière le saisit dans sa patte, le porte adroitement au bec et taille dans l'écorce une petite ouverture ronde par où le grain est vidé, comme nous le ferions d'un œuf à la coque. La noisette est travaillée avec la même dextérité.

La *Mésange bleue* est un magnifique petit oiseau, qui voyage de compagnie avec la charbonnière et fréquente les jardins fruitiers. Elle est olivâtre dessus, jaune dessous, avec le sommet de la tête d'un beau bleu azuré, le front blanc, la joue blanche encadrée de noir. Un petit collier de cette couleur cerne la nuque et les côtés du cou. Les grosses plumes des ailes et de la queue sont bordées de bleu. Cette mésange, si élégante de plumage, si gracieuse d'allure, toujours grimpant contre les écorces, toujours tournant autour des branches, toujours suspendue à l'extrémité des rameaux flexibles, toujours furetant, toujours becquetant, marche de pair avec la charbonnière pour les talents d'échenillage. On l'a vue, en quelques heures, nettoyer un rosier de deux mille pucerons. Les chenilles et les œufs d'insectes, surtout de ceux qui s'attaquent aux fruits, sont sa principale nourriture. Elle est avide de la cervelle des petits oiseaux, au besoin elle s'accommode de chènevis. Comme la charbonnière, elle niche dans le trou d'un arbre. Son nid, construit sans art, est un entassement de fines plumes. Aucune autre espèce n'élève plus nombreuse famille. Les œufs dépassent le chiffre de vingt; ils sont blancs et mouchetés de rougeâtre surtout par le gros bout.

Deux autres mésanges, d'importance moindre pour l'échenillage, construisent leurs nids avec un art admirable. Ce sont la *Mésange à longue queue* et la *Penduline.*

La *Mésange à longue queue* (*fig.* 49) se distingue de toutes les autres par le développement excessif de la queue qui fait plus de la moitié de la longueur totale du corps. Elle habite les bois pendant la belle saison et ne vient que l'hiver dans nos jardins et nos vergers. C'est un petit oiseau à peine supérieur en dimension au roitelet. Il est gris rougeâtre sur le dos et blanc en dessous; le ventre est teinté de roux, la nuque et les joues sont blanches.

Le nid est tantôt placé dans l'enfourchure des hautes branches d'un arbuste, tantôt dans l'épais fourré d'un buisson à quelques pieds de terre, mais il est plus souvent accolé au tronc d'un saule ou d'un peuplier. Sa forme est celle d'un ovale allongé, ou mieux d'un énorme cocon

Fig. 49. — La Mésange à longue queue.

10

élargi par la base. Il a son entrée sur le côté, à un pouce environ du sommet de la voûte. La coque extérieure se compose de lichens conformes à ceux qui viennent sur l'arbre servant de support, afin de se confondre avec l'écorce et de tromper les regards des passants. Des filaments de laine en retiennent toutes les parties enchevêtrées entre elles. Le dôme, pour mieux résister à la pluie, est un feutre épais de mousse et de fils d'araignée. L'intérieur ressemble à la cavité d'un four dont le sol serait excavé en coupe et la voûte très-élevée. Cette forme est la plus favorable à la conservation de la chaleur. Un lit très-épais de plumes soyeuses forme l'ameublement du nid. Là reposent seize à vingt oisillons, rangés avec ordre dans l'étroite conque, de la grandeur au plus du creux de la main. Par quel miracle de parcimonieux emménagement ces vingt petites créatures avec leur mère trouvent-elles place en ce logis, comment d'aussi longues queues peuvent-elles s'y développer? On chercherait vainement plus belle application de l'économie de l'espace.

EMILE. — Que j'aimerais à voir les vingt petites mésanges dans le fond de leur nid!

PAUL. — J'ai eu dans le temps cette bonne fortune. Aujourd'hui encore l'émotion me gagne quand je songe aux vingt petites têtes qui se dressèrent du fond du nid, tremblotant et ouvrant le bec comme à l'approche de leur mère. Par l'orifice du four un coup d'œil fut rapidement donné à ce gracieux spectacle, et je me retirai. Les parents étaient déjà là, la plume ébouriffée d'anxiété. Ne craignez rien, petits oiseaux si vigilants pour votre famille, ce n'est pas l'oncle Paul qui commettra le sacrilége de toucher à vos nids.

EMILE. — Emile non plus.

LOUIS. — Jules et Louis pas davantage.

PAUL. — Je l'espère bien, sinon l'oncle Paul ne raconterait plus d'histoires.

Le nid de la *Mésange penduline* est encore plus remarquable. Cette mésange n'habite guère que les bords du cours inférieur du Rhône. Elle suspend très-haut son nid à l'extrémité de quelque rameau flexible d'un arbre de la rive, de manière que sa famille est mollement bercée par la brise des eaux. C'est une sorte de bourse ovale de la grosseur à peu près d'une bouteille percée, vers le haut et sur le flanc, d'un étroit orifice qui se prolonge en un court goulot d'entrée où l'on peut au plus engager le pouce. Pour franchir ce passage, la mésange toute petite qu'elle est, doit forcer la paroi élastique, qui cède un peu, puis se rétrécit. Cette bourse est fabriquée avec la bourre cotonneuse qui s'échappe, en mai, des chatons mûrs des peupliers et des saules. La mésange assemble et consolide les flocons cotonneux par une trame de laine et de chanvre. Le tissu obtenu ressemble au feutre de quelque chapeau grossier. Je cherche vainement à me rendre compte de quelle manière s'y prend l'oiseau pour manufacturer avec le bec et les pattes une étoffe que n'obtiendrait pas l'industrieuse main de l'homme livré à ses propres ressources; et cela, sans apprentissage aucun, sans hésitation, sans jamais l'avoir vu faire à d'autres. En son premier coup d'essai la mésange dépasse l'art de nos ouvriers tisserands et fouleurs. Le haut du nid comprend dans son épaisseur l'extrémité du rameau et ses dernières divisions qui servent de charpente à la voûte; mais le feuillage sort des flancs de la bourse et les protége de son ombre. Enfin, pour plus de solidité dans l'attache, un cordage de laine et de chanvre entortille les brins supérieurs autour du rameau, tandis que ses brins inférieurs se distribuent dans la trame du feutre. L'intérieur de la demeure est rembourré de coton de peuplier première qualité. Trois semaines du travail le plus assidu sont nécessaires à un couple de pendulines pour construire cette merveille.

Emile. — La pluie ne passe pas à travers l'enveloppe du nid?

Paul. — Le feutre est si épais et si serré que par les

pluies les plus fortes il n'entre pas une goutte d'eau dans la demeure de coton.

Emile. — Comme les mésanges doivent être bien dans leur nid. Le vent les balance doucement au-dessus des eaux; de leur petite fenêtre elles regardent couler le fleuve. Comment est-elle, cette penduline si habile?

Paul. — Elle est cendrée, avec les ailes et la queue brunes et un bandeau noir au front. Elle est simple de costume, vous le voyez, comme le sont toujours les gens de vrai mérite. La mésange bleue est de riche plumage, mais pour faire son nid, elle ne sait qu'entasser plumes sur plumes au fond d'un trou d'arbre; la penduline est de plumage modeste, mais elle est d'une incomparable adresse pour se bâtir le nid le plus merveilleux qu'il soit possible de voir. A chacun son lot : le talent ou le bel habit.

Jules. — Nous tous ici préférons le premier.

Paul. — Ayez toujours profondément gravé en vous, mes bien-aimés enfants, le noble sentiment que vous venez d'exprimer.

Jules. — Nous serions bien oublieux de vos leçons si nous pouvions jamais avoir d'autre pensée.

Emile. — Et les œufs, comment sont-ils?

Paul. — Emile ne me ferait grâce de rien au sujet de la penduline. Il vous intéresse donc bien, ce fabricant de nids en feutre?

Emile. — Beaucoup.

Paul. — Eh bien, les œufs sont tout blancs et un peu allongés. Il y en a trois ou quatre.

Emile. — Pas plus, lorsque les autres mésanges en ont une vingtaine?

Paul. — Pas plus, mais en compensation il y a deux pontes par an.

XXVIII. — Le Troglodyte. — Le Roitelet.

PAUL. — Encore un architecte de haut talent passé maître en construction de nids. C'est le *Troglodyte*, la *Pétouse* de la Provence, le *roi Bertaud* ou *Robertot* des provinces de l'Ouest. Si vous me demandez ce que signifie le nom assez étrange de troglodyte, je vous répondrai que c'est un mot grec qui veut dire habitant des trous. Quel-

Fig. 50. — Le Troglodyte.

que nomenclateur, plus ami du grec que désireux de se faire comprendre, a cru bien faire de donner ce nom au petit oiseau qui furette dans les trous à la manière des souris. Ma description sera peut-être mieux comprise. Le troglodyte est une bouffée de plumes couleur de bécasse qui, l'aile pendante, le bec au vent, la queue relevée sur le croupion, toujours frétille, sautille et babille *tiderit, tirit, tirit.*

JULES. — Je le connais, cet oiseau guère plus gros qu'une noix. Il rôde, chaque hiver, autour de la maison; il circule dans les tas de fagots, il visite les trous de murs; il pénètre au plus épais des buissons. De loin on le prendrait pour un hardi petit rat.

PAUL. — C'est bien lui, c'est le troglodyte. Dans la belle saison, il habite les bois touffus. Là, sous l'arcade de quelque grosse racine à fleur de terre et couverte d'une épaisse toison de mousse, il se construit un nid imité de celui de la penduline. Les matériaux sont des brins de mousse, pour que l'édifice se confonde d'aspect avec le support. Il les assemble en grosse boule creuse, percée sur le côté d'une ouverture très-étroite. L'intérieur est garni de plumes. D'autres fois il choisit pour emplacement un toit de chaume, une pile de fagots, une épaisse feuillée de lierre, une cavité naturelle sur la berge d'un ruisseau ombreux. La ponte est d'une dizaine d'œufs blancs, pointillés de rougeâtre au gros bout.

Les froids venus, il quitte les forêts pour se rapprocher des fermes. On le voit, alors, sans cesse remuant et affairé, entrer dans les noirs passages des piles de bois, des vieilles murailles, des arbres morts et des buissons touffus, pour inspecter coins et recoins et donner la chasse à toute espèce de vermine qui prend ses quartiers d'hiver dans les gerçures des écorces et les crevasses du mortier. Il suffit de l'avoir vu fureter une fois dans un tas de broussailles, aller et venir dans les défilés de la ramée, entrer, sortir, rentrer sans un instant de repos, pour être convaincu de l'activité de ses recherches.

JULES. — Oui, mais il est si petit qu'il ne doit pas faire beaucoup de travail.

PAUL. — Si le troglodyte chassait le gros gibier, certes, au bout de la journée, ses captures ne se compteraient pas par douzaines. Que ferait-il d'un hanneton, lui si petit; de plusieurs jours il ne verrait la fin de sa trop riche victuaille.

JULES. — Et trop dure aussi pour son bec.

PAUL. — Il lui faut les moindres chenilles, les moucherons imperceptibles. Ce sont bouchées plus tendres et mieux en rapport avec son fin gosier. Je n'ai pas besoin de vous rappeler que les ennemis les plus redoutables de nos récoltes sont précisément les plus petits.

Un vermisseau de rien met en péril nos céréales ; d'autres aussi menus ravagent les fruits dans leur germe. Que faut-il pour détruire une fleur qui produirait une poire de la grosseur des deux poings? Une larve, une seule, tout juste visible. Eh bien, le troglodyte s'attaque à ces destructeurs nains, d'autant plus à craindre qu'ils échappent à notre vigilance par leurs dimensions exiguës. Devinez maintenant ce qu'il faut par jour en petites chenilles à un troglodyte pour l'entretien de sa nichée? Des observateurs, dont j'admire la patience, en ont fait le dénombrement.

Jules. — Mettons dix chenilles par oisillon et dix petits dans le nid. Cela ferait cent chenilles dans la journée. C'est beaucoup.

Paul. — Beaucoup! Ah! que vous êtes loin de compte. En moyenne, le troglodyte apporte à manger trente-six fois par heure à ses petits. Il leur sert un mélange d'insectes, de larves et d'œufs. Au bout de la journée, le nombre d'insectes détruits, sous une forme ou sous l'autre, s'élève à cent cinquante-six mille. Nous voilà bien loin de votre maigre calcul, mon pauvre Jules.

Jules. — Les chenilles doivent être bien petites, autrement la nichée du troglodyte étoufferait d'indigestion.

Paul. — Sans doute, elles sont très-petites, et puis beaucoup sont encore dans l'œuf. Le résultat pour nous n'en est pas moins d'une haute importance; autant d'œufs avalés, autant de ravageurs de moins pour l'avenir.

Louis. — En admettant que le troglodyte fît exclusivement choix de la vermine qui s'attaque aux poires, ce serait donc cent cinquante-six mille poires que le petit oiseau conserverait à l'homme dans un jour?

Paul. — Evidemment.

Louis. — C'est à ne pas y croire.

Paul. — Je conviens que le résultat est prodigieux relativement aux moyens mis en œuvre. Un tout petit oiseau, auquel nul ne prend garde, s'en va becquetant par-ci par-là. Tout compte fait, au bout de la journée, il se trouve que l'échenilleur a détruit dans l'œuf, sous la forme de nymphe, ou bien à l'état parfait, des milliers d'insectes qui, laissés en vie, auraient prélevé sur nos récoltes d'énormes corbeilles de fruits, des boisseaux de grains par centaines. S'il fallait chiffrer la valeur des biens que sauvegardent les oiseaux mangeurs de vermine, ce serait par sommes fabuleuses. Paix, mes enfants, paix et protection à ces vaillants qui empêchent la famine d'entrer dans nos maisons.

Puisque nous y sommes, parlons d'un autre petit poucet des oiseaux, échenilleur acharné comme le troglodyte. Il se nomme le *Roitelet*, c'est-à-dire petit roi, à cause de la couronne d'un jaune d'or et bordée de noir qui lui ceint la tête. C'est le plus petit de nos oiseaux. Il est olivâtre dessus, blanc-jaunâtre dessous. Les belles plumes de la couronne peuvent se dresser en forme de huppe.

Le roitelet niche dans les pays froids de l'Europe, surtout dans les forêts de sapins de la Norwége. Son nid est une petite boule de la grosseur du poing, ouverte par le haut, artistement façonnée au dehors avec de la mousse, de la laine, des toiles d'araignée; au dedans, avec le duvet le plus doux. Il repose à plat sur quelque branche de sapin, à des hauteurs inaccessibles. Les œufs, au nombre de six à huit, sont couleur de chair uniforme.

Quoique d'apparence très-délicate, le roitelet supporte vaillamment le froid. Il nous arrive en petites bandes de son pays natal vers l'époque des brouillards d'automne et de la chute des feuilles. Ces bandes, au nombre de cinq ou six individus au plus, se répandent dans les bois, les promenades publiques, les vergers, pour inspecter les gerçures des écorces, fouiller les paquets de feuilles mortes et visiter les bourgeons en se cramponnant à l'extrémité des plus petits rameaux. La mésange n'est pas plus habile en gymnastique, pour se suspendre la tête en bas et travailler dans toutes les positions. L'œuvre d'échenillage est accompagnée d'un continuel petit cri de ralliement, *zi-zi-zi*, *zi-zi-zi*. Le roitelet est plein de confiance en l'homme. Sans aucune intimidation, au bruit des pas et de la conversation des promeneurs, il continue ses évolutions, ses chasses, ses *zi-zi-zi*. Il se laisse approcher de très-près, à tel point qu'on croirait pouvoir le prendre à la main. Mais le rusé qui n'a pas l'air de vous voir tant il est affairé, s'esquive d'un vol preste et va quelques branches plus haut poursuivre son travail.

XXIX. — Les Hirondelles.

PAUL. — Des tribus entières d'auxiliaires, Pics, Sitelles, Torcols[1], Grimpereaux, Mésanges, Troglodytes, Roitelets et bien d'autres, s'adonnent à la chasse patiente qui recherche les œufs dans les rides des écorces et les paquets de feuilles, les larves entre les écailles des bourgeons et dans la vermoulure du bois, les insectes au fond des crevasses où ils se tiennent tapis. Dans ce genre de chasse, l'oiseau n'a pas à courir sur un gibier, à rivaliser avec lui de vitesse; il lui suffit de savoir le découvrir au gîte. A cet effet, il lui faut œil perspicace et bec effilé; les ailes ne viennent qu'en seconde ligne. Voici maintenant d'autres tribus qui se livrent à la grande chasse aérienne, qui poursuivent au vol, dans les plaines de l'air, moucherons, phalènes, teignes, cousins, scarabées. Il leur faut un bec court mais très-largement ouvert, qui happe sûrement les moucherons au passage malgré les incertitudes d'un élan non toujours maîtrisé, un bec où la proie s'engouffre toute seule sans que l'oiseau ralentisse un instant son essor, enfin un bec visqueux à l'intérieur, et tel qu'un petit papillon ne puisse l'effleurer de l'aile sans rester pris à la glu. La gueule de la chauve-souris, cet autre ardent chasseur au vol, la gueule de la chauve-souris fendue d'une oreille à l'autre, en doit être le modèle pour l'ampleur d'ouverture. Mais il faut avant tout des ailes infatigables, rapides, que ne lasse pas la fuite désespérée d'un gibier lancé à toute vitesse, que ne surprenne pas l'essor tortueux d'une phalène aux abois. Bec démesurément fendu, ailes excessives, tel doit être en résumé l'oiseau des grandes chasses aériennes.

En tête est l'hirondelle, chauve-souris du plein jour, comme la chauve-souris est l'hirondelle des premières ombres de la nuit. L'une et l'autre chassent les insectes volants; elles les poursuivent en des allées et des venues sans fin, croisées et recroisées de mille façons; elles les gobent dans leur large gosier et passent outre sans un instant d'arrêt. Mais de combien l'hirondelle l'emporte en grâces de formes, en prestesse de vol, sur son collaborateur nocturne, la triste chauve-souris! Si la comparaison est possible pour les services rendus et la manière de chasser, sous tout autre rapport, elle n'est plus permise.

Le vol est l'état naturel de l'hirondelle, je dirais presque son état nécessaire. Elle mange en volant, elle boit en volant, se baigne en volant et quelquefois donne à manger à ses petits en volant. Elle coule dans l'air sans effort, avec aisance; elle sent que l'air est son domaine; elle en parcourt toutes les dimensions et dans tous les sens comme pour en jouir dans tous les détails, et le plaisir de cette jouissance se marque par de petits cris de gaîté. Tantôt elle donne la chasse aux insectes voltigeants, et suit avec une agilité souple leur trace oblique et tortueuse, ou bien quitte l'un pour courir à l'autre, et frappe en passant un troisième; tantôt elle rase légèrement la surface de la terre et des eaux, pour saisir ceux que la pluie ou la fraîcheur y rassemble; tantôt elle échappe elle-même à l'impétuosité de l'oiseau de proie par la flexibilité preste de ses mouvements. Toujours maîtresse de son vol dans sa plus grande vitesse, elle en change à tout instant la direction; elle semble décrire au milieu des airs un dédale mobile et fugitif, dont les routes se croisent, s'entrelacent, se fuient, se rapprochent, se heurtent, se roulent, montent, descendent, se perdent et reparaissent pour se croiser, se rebrouiller encore de mille manières, et dont le plan, trop compliqué pour être représenté aux yeux par l'art du dessin, peut à peine être indiqué à l'imagination par le pinceau de la parole (1).

Nous avons en France trois espèces d'hirondelles. La

Fig. 51. — Hirondelle de fenêtre volant, et Martinet accroché à un mur.

plus répandue est l'*Hirondelle de fenêtre*, noire dessus avec des reflets bleus, blanche dessous et au croupion. Elle construit son nid aux angles des fenêtres, sous les rebords des toits, sous les corniches des édifices. Ses matériaux

(1) Guéneau de Montbeillard, dans Buffon.

sont la terre fine, principalement celle que les vers rejettent en petits monceaux dans les prairies et les jardins après l'avoir digérée. L'hirondelle l'apporte becquée par becquée, l'imbibe d'un peu de salive visqueuse pour lui communiquer la force de cohésion et la dispose par assises en une demi-boule accolée au mur et percée dans le haut d'une étroite ouverture. Des brins de paille enchassés dans l'épaisseur de la bâtisse, donnent plus de résistance à la maçonnerie de terre; enfin l'intérieur est matelassé d'une grande quantité de fines plumes. La ponte est de quatre ou cinq œufs d'un blanc pur et sans taches.

Les nids servent plusieurs années de suite aux mêmes couples, qui les reconnaissent à leur arrivée au printemps et les remettent à neuf par quelques réparations. Si quelques-uns sont vacants, les propriétaires étant morts en terre lointaine, les nouveaux ménages en profitent.

Jules. — N'y a-t-il jamais querelle pour l'occupation des vieux nids?

Paul. — Bien rarement. Les hirondelles aiment à vivre en société; leurs nids se touchent parfois au nombre de quelques cents sous la même corniche. Chaque couple reconnaît sans hésitation ce qui lui appartient et respecte scrupuleusement la propriété d'autrui pour que l'on respecte la sienne. Il y a entre elles un vif sentiment de solidarité réciproque, elles se portent assistance avec autant d'intelligence que de zèle. Il arrive parfois qu'un nid à peine achevé s'écroule, soit par défaut de cohésion du mortier employé, soit parce que les maçons trop pressés n'ont pas eu la patience de laisser sécher une assise avant d'en placer une autre, soit pour tout autre motif. A la nouvelle du sinistre, voisins et voisines accourent consoler les affligés et leur prêter assistance pour rebâtir. Tous se mettent à l'œuvre, apportant mortier de premier choix, pailles et plumes, avec un tel entrain qu'en deux fois vingt-quatre heures le nid est refait. Livré à ses seules forces, le couple éprouvé aurait mis la quinzaine pour réparer ce désastre.

Emile. — Voilà des oiseaux secourables, des oiseaux comme je les aime.

Paul. — Il y a mieux encore. Une hirondelle s'est étourdiment empêtrée dans quelques fils. Plus elle fait effort pour se libérer, plus elle s'enlace. La voilà en péril de mort, les ailes et les pattes liées. D'un cri d'angoisse, elle appelle ses compagnes au secours. Toutes accourent, se concertent bruyamment et font si bien du bec et des pattes qu'elles débrouillent le lacet et délivrent la captive. L'heureux événement est célébré par les plus chaleureux gazouillements d'allégresse. Voilà ce que j'ai vu moi-même, ici, dans le jardin, un jour que mère Ambroisine faisait blanchir au soleil le fil de chanvre qu'elle file à la quenouille.

Un auteur de renom (1) a été témoin d'un fait analogue. Je lui laisse la parole. — J'ai vu une hirondelle qui s'était malheureusement, et je ne sais comment, pris la patte dans le nœud coulant d'une ficelle, dont l'autre bout tenait à une gouttière. Sa force épuisée, elle pendait en criant au bout de la ficelle, qu'elle relevait par moments en voulant s'envoler. Toutes les hirondelles des environs s'étaient réunies au nombre de plusieurs milliers. Elles faisaient nuage, toutes poussant le cri d'alarme et de pitié. Après une assez longue hésitation, une d'elles inventa un moyen de délivrer leur compagne, le fit comprendre aux autres, et en commença l'exécution. On fit place ; toutes celles qui étaient à portée vinrent à leur tour, comme à une course de bague, donner, en passant un coup de bec à la ficelle. Ces coups, dirigés sur le même point, se succédaient de seconde en seconde, et plus promptement encore. Une demi-heure de ce travail suffit pour couper la ficelle et mettre la captive en liberté. Mais la troupe, seulement un peu éclaircie, resta jusqu'à la nuit, parlant toujours, d'une voix qui n'avait plus d'anxiété, comme se faisant mutuellement des félicitations et des récits.

Encore celle-ci. — Un insolent moineau pénètre dans

(1) Dupont de Nemours.

le nid d'une hirondelle, s'y trouve bien et veut définitivement s'y établir. Les propriétaires assaillent l'intrus; mais le moineau, plus robuste de bec et protégé par les parois du nid, facilement repousse leurs attaques. Ah ! tu ne veux pas déguerpir, nous allons voir. L'une des deux hirondelles continue le blocus à l'étroite entrée du nid, l'autre va chercher du secours. Les voisins arrivent, jugent de la situation, délibèrent sur les moyens à prendre et reconnaissent qu'il leur est impossible de déloger par la force l'ennemi cantonné au fond du nid comme dans une forteresse. Un avis prévaut dans le conseil : si l'on ne peut lui rendre son nid, il faut au moins venger le propriétaire. Aussitôt décidé, aussitôt exécuté. Tandis que quelques braves postés à l'ouverture intimident le reclus par leurs cris, les hirondelles apportent leur mortier habituel, la terre détrempée de salive et, petit à petit, ferment l'entrée du nid.

JULES. — Qui fut sot?

PAUL. — Ce fut le moineau, claquemuré dans l'étroite prison. Il y périt.

EMILE. — Attrape, voleur de nids.

PAUL. — L'*Hirondelle de cheminée* ou *Hirondelle domestique* a le front, la gorge et les sourcils d'un roux marron, le dessus du corps noir avec des reflets violacés, le dessous blanc. On l'appelle hirondelle domestique parce qu'elle recherche le voisinage de l'homme et niche jusque dans l'intérieur de nos habitations, de celles surtout où il y a peu de mouvement et de bruit. Les appartements abandonnés et toujours ouverts, les hangars et les remises, les avant-toits, le dessous des balcons, l'intérieur des cheminées élevées, sont ses emplacements préférés. Le nid est construit avec de la terre glaise gâchée, mélangée de paille et de crin, et garni intérieurement d'herbes sèches et de plumes. Sa forme est celle d'une demi-coupe pleinement ouverte en dessus. Les œufs sont au nombre de cinq. Ils sont blancs et tiquetés de petites taches brunes et violettes.

L'hirondelle de cheminée est la plus intéressante de la tribu. Elle est le gai compagnon du laboureur, l'hôtesse de la grange, tandis que l'hirondelle de fenêtre préfère les villes et les corniches des monuments. Son gazouillement est une douce chansonnette que le père, placé sur le bord du nid, répète à tout instant à la couveuse pour charmer les longues heures de l'incubation. On la trouve dans tous les pays du monde. Elle nous arrive de ses lointains voyages vers le 1er avril, une douzaine de jours avant l'hirondelle de fenêtre, un mois avant le martinet.

L'*Hirondelle de rivage* est la plus petite et la moins répandue des trois. Elle a tout le dessus, les joues et une large bande sur la poitrine, d'un gris de souris; la gorge et le ventre sont d'un blanc pur. Avec le bec et les griffes, bien faibles outils pour un aussi rude travail si l'énergie du bon vouloir ne suppléait à la force, elle se creuse dans les terrains sablonneux coupés à pic au bord des eaux, ou bien dans les carrières et les falaises escarpées, un trou de mine étranglé à l'entrée, sinueux dans son trajet et profond de près de deux pieds. La partie la plus reculée du souterrain s'élargit et reçoit une abondante couchette de pailles, d'herbes sèches et de plumes entassées sans aucun art. Là reposent cinq ou six œufs blancs un peu transparents. L'hirondelle de rivage ne se pose jamais que sur les rochers, où elle s'accroche aisément avec ses ongles longs et pointus. Elle se tient de préférence au bord des eaux, qu'elle explore d'un vol rapide, allant et revenant sur les mêmes traces pour happer les moucherons qu'attire la fraîcheur.

Jules. — Les hirondelles, dit-on, font de longs voyages.

Paul. — Oui, toutes nos hirondelles, chaque année, changent de pays, non par humeur vagabonde, mais par nécessité. Bien d'autres oiseaux, principalement ceux qui se nourrissent d'insectes, sont dans le même cas.

Les hirondelles, comme les chauves-souris, ont pour nourriture exclusive les insectes qui voltigent dans les airs. Quand viennent les froids, ces insectes manquent totalement. Que fait alors la chauve-souris pour se présever de la mort par famine?

Émile. — Elle s'endort.

Paul. — Elle ralentit, aux dernières limites du possible, le tirage du calorifère vital, de ce calorifère naturel, vous savez, qui produit en nous chaleur, mouvement et animation par la combustion du sang au moyen de l'air; elle cesse à peu près de respirer pour économiser le combustible emmagasiné dans ses petites veines et le faire durer jusqu'à la réapparition des insectes à la belle saison; elle s'endort enfin au fond de quelque grotte d'un sommeil qui ressemble à celui de la mort. Les oiseaux n'ont pas la faculté de ralentir ainsi la vie, de la suspendre momentanément; ce sont les calorifères animés les plus actifs du monde, toujours en ardeur, toujours en tirage énergique ainsi que l'exige le violent exercice du vol. Leur température, pendant l'hiver comme pendant l'été, est de 42 degrés; elle n'est que de 38 pour l'homme. Quand pareil foyer doit être entretenu sans jamais faiblir, allez donc songer à vous endormir des six mois durant, sous prétexte que la nourriture manque. C'est de toute impossibilité.

Que font alors les oiseaux. Ne pouvant recourir au procédé de la chauve-souris, ils prennent une résolution hardie. Ils abandonnent le pays natal, bientôt dépeuplé d'insectes par le froid; ils s'en vont bien loin, le cœur navré, mais avec l'espérance de revenir un jour; ils émigrent, les forts réconfortant les faibles, les vieux, experts en voyages, guidant les jeunes, inexpérimentés; ils s'organisent en caravanes et fuient vers le sud, vers l'Afrique où les attendent nourriture abondante et soleil plus chaud; sans autre boussole que l'instinct, ils franchissent la mer, la mer immense où de loin en loin à peine surgit des eaux la halte d'un îlot; beaucoup périssent dans la traversée, beaucoup arrivent exténués de faim, brisés de fatigue, mais enfin ils arrivent.

Jules. — Ce doit être un dur moment pour les hirondelles que celui du départ.

Paul. — Moment très-dur, en effet, car l'oiseau s'arrache aux lieux aimés, aux lieux qui l'ont vu naître, pour affronter les fatigues et les dangers d'un voyage énorme, voyage dans l'inconnu pour le plus grand nombre. Le jour du départ est fixé en grande assemblée, vers la fin d'août pour les hirondelles de fenêtre et de rivage, plus tard, jusqu'en octobre, pour l'hirondelle de cheminée. Une fois l'époque arrêtée, les hirondelles de fenêtre s'attroupent plusieurs jours de suite sur le couronnement des édifices élevés. A tout instant, des bandes se détachent de l'assemblée générale pour tournoyer dans les airs avec des cris inquiets, revoir encore une fois le pays natal et lui faire les derniers adieux; puis elles reviennent prendre place au milieu de leurs compagnes et babiller sans doute de leurs espérances, de leurs appréhensions, tout en s'apprêtant à la grande expédition par un examen soigneux des plumes lustrées une à une. Après plusieurs répétitions de ces touchants adieux, un gazouillement plaintif annonce l'heure fatale. C'est le moment, il faut partir. D'un essor désespéré, les voyageuses s'élancent ensemble vers le sud.

Les hirondelles de cheminée se donnent rendez-vous à l'époque du départ sur un arbre défeuillé et presque toujours par un temps pluvieux. La troupe émigrante se compose de trois à quatre cents. L'hirondelle de rivage fait route d'habitude avec elles pour l'aller et le retour.

XXX. — Le Martinet. — L'Engoulevent.

PAUL. — Le *Martinet* est cette grande hirondelle toute noire qui vole par troupes, les soirs d'été, en jetant des cris aigus. La chasse aérienne aux insectes est sa profession. Il a le bec très-court, mais largement fendu, le gosier ample, toujours enduit d'une viscosité tenace qui retient le gibier saisi, des ailes longues et pointues qui lui permettent de franchir en un moment de fougue quatre-vingts lieues à l'heure, des yeux perçants qui distinguent un moucheron à cent mètres et plus de distance. Tout insecte qui s'aventure dans les hautes régions est perdu; le bec ouvert du martinet est un filet vivant, filet qui s'avance impétueusement à sa rencontre et l'engloutit. Si l'oiseau a des petits, quelque temps il entasse ses captures dans ses abajoues, puis il rentre au nid, pour distribuer la becquée avec son large gosier gonflé de mouches, de papillons et de scarabées.

Quelle extermination d'insectes crépusculaires les martinets ne font-ils pas, lorsque leurs bandes criardes vont et reviennent en des circuits sans fin, dans la sérénité d'un ciel rougi par le soleil couchant! Quelle impétuosité de vol, quels élans dans l'espace, quel entrain! On en voit qui voltigent au hasard, qui se laissent mollement couler dans l'air pour le seul plaisir d'exercer leurs ailes; d'autres décrivent des cercles que croisent indéfiniment de nouveaux cercles; d'autres piquent une tête dans les hauteurs verticales, planent un moment sans remuer les ailes, puis les agitent d'un mouvement précipité, ou se laissent choir de haut comme un oiseau blessé; d'autres suivent la direction d'une rue, ils joutent de vélocité pour en atteindre le bout opposé, revenir au point de départ et recommencer; d'autres, criant à la fois, tourbillonnent en essaim autour de quelque édifice élevé. Quel est celui-ci qui accourt si pressé? Il passe en trois coups d'ailes le voilà déjà perdu dans la brume de l'éloignement. Quelle fougue, mes amis, quel essor!

Emile. — J'ai fait bien souvent un souhait en regardant voler les martinets. Que n'ai-je leurs ailes pour me transporter sur la haute montagne bleue que nous voyons d'ici ; que n'ai-je leur vol pour aller sur la cime me baigner dans l'air frais, parmi les nuages, et revenir après avec la même rapidité !

Paul. — Ce souhait, mon petit ami, nous passe à tous par l'esprit ; il nous arrive à tous d'envier les ailes du martinet, mais certainement nul ne songerait à désirer ses pieds.

Emile. — Et pourquoi ?

Paul. — Ils sont si courts, si gauchement conformés, que l'oiseau ne peut en aucune manière s'en servir pour marcher. Les doigts sont tous les quatre dirigés en avant. C'est vous dire que le martinet ne perche pas puisqu'il ne peut saisir l'appui d'une branche ; il n'a que la ressource de s'accrocher aux murs pour se reposer un instant et reprendre après l'essor, en se laissant tomber comme le font les chauves-souris.

Les martinets volent par nécessité. D'eux-mêmes, ils ne se posent jamais à terre, et s'ils y tombent par quelque accident, ils ne se relèvent qu'avec une difficulté extrême, en se traînant sur une petite motte, en grimpant du bec et des griffes sur une pierre, d'où ils puissent déployer leurs longues ailes. Si le terrain est tout plat, ils gisent couchés sur le ventre, se trémoussent dans un inutile balancement de droite et de gauche ou progressent un peu en battant le sol de leurs ailes. Après bien des efforts, ils parviennent parfois à s'envoler. La terre est donc pour eux un vaste écueil qu'il faut éviter avec le plus grand soin. Ils n'ont guère que deux manières d'être : le mouvement violent ou le repos absolu. S'agiter dans les plaines de l'air, ou rester blottis dans leur trou, voilà leur vie. Le seul état intermédiaire qu'ils connaissent, c'est de s'accrocher aux murailles tout pres de leur trou, et de se traîner ensuite dans l'intérieur du nid en rampant, en s'aidant de leur bec et de tous les points d'appui qu'ils peuvent se faire. Ordinairement ils y entrent de plein vol et après avoir passé et repassé devant plus de cent fois, ils s'y lancent tout à coup et d'une telle vitesse, qu'on les perd de vue sans savoir où ils sont allés; on serait presque tenté de croire qu'ils deviennent invisibles (1).

Ce nid est presque toujours situé dans un trou profond de muraille, à une grande élévation. Il est composé de fils de chanvre, de petits paquets d'étoupes, de menus chiffons, de brins de paille, de plumes, de bourre cotonneuse provenant des chatons des peupliers et des saules. Ces matériaux incohérents sont collés entre eux, agglutinés, au moyen de l'humeur visqueuse que suinte constamment le gosier du martinet et qui sert de glu pour empêtrer les insectes gobés. L'oiseau la bave sur le nid et en imbibe profondément les diverses assises à mesure qu'elles sont posées. En séchant, cette humeur durcit, prend l'apparence luisante de la gomme et donne à tout l'édifice consistance et même élasticité. Comprimé entre les mains, le nid se rapetisse sans se rompre; la pression cessant, il revient à sa première forme.

Le martinet fournit lui-même le ciment agglutinateur; mais où va-t-il chercher les matériaux : étoupes, chiffons, pailles et plumes? Evidemment il ne commet pas la maladresse d'aller les cueillir à terre, où il pourrait les trouver, ainsi que le font les autres oiseaux; s'il touchait le sol, infailliblement il naufragerait. La ruse vient à son secours. Comme il arrive assez tard dans nos pays, il profite des trous déjà abandonnés par les moineaux; il trouve là matériaux abondants, qu'il dispose à sa guise en les collant avec sa glu. Si les moineaux sont encore en ménage, il pénètre effrontément dans leurs nids, leur pille bourre, pailles et plumes, un peu à l'un, un peu à l'autre, et va, dans un trou de la même muraille, confectionner son propre nid avec le produit de ses larcins.

(1) Guénau de Montbeillard.

La ponte est de deux à quatre œufs, d'un blanc pur et de forme allongée. Les martinets ne passent guère qu'un trimestre chez nous. Ils nous arrivent après les hirondelles, au commencement de mai, et repartent en fin juillet.

Le *Martinet à ventre blanc* diffère du premier par sa taille plus grande, sa gorge et son ventre blancs. Il habite le voisinage des Alpes et des Pyrénées; il est commun sur le littoral de la Méditerranée, là surtout où les eaux battent de hauts rochers taillés à pic. Le centre et le nord de la France ne le connaissent pas. Il a le vol encore plus rapide que le martinet noir; il se tient d'habitude très-haut dans les airs, et ne s'abaisse que lorsque le mauvais temps menace. Il place son nid sur les rochers au-dessus des précipices, et le compose de paille et de mousse cimentées avec la glu de son gosier.

L'*Engoulevent* a d'étroits rapports avec les martinets.

Fig. 52. — L'Engoulevent.

Il a, comme eux, le bec court, très-large à la base, démesurément ouvert et enduit à l'intérieur d'une épaisse salive filante pour engluer les insectes. Sa taille est celle de la grive. Son plumage est léger, doux et nuancé de gris et de brun; ses yeux sont gros et saillants, très-sensibles à la lumière; les coins de l'ouverture du bec sont hérissés de longues soies raides; les pieds sont courts, mais cependant propres à la marche.

Comme l'indiquent la sensibilité de ses yeux, offusqués par la lumière du plein jour, la douce légèreté et la nuance grise de son plumage, semblable à celui des chouettes, l'engoulevent est un oiseau crépusculaire; il est le martinet de la nuit. Il ne prend son essor et ne se met en chasse que lorsque le soleil est près de se coucher. Aux dernières lueurs des soirées d'été, il inspecte le sol en volant très-bas et revenant à diverses reprises sur les mêmes traces, comme le font les hirondelles rasant la terre. Il vole avec le bec ouvert dans toute son ampleur; aussi l'air qui s'engouffre dans le gosier, produit-il un bourdonnement sourd et continu pareil à celui d'un rouet. A mesure qu'il progresse, l'oiseau paraît avaler l'air, *engouler* le *vent.*

JULES. — De là son nom d'engoulevent.

PAUL. — Tout juste. Mais il n'engoule pas l'air pour la seule satisfaction d'imiter le bourdonnement du rouet, son but est de gober au passage les insectes crépusculaires. Les gros coléoptères qui prennent leurs ébats le soir, hannetons et stercoraires, disparaissent dans le gouffre tout visqueux de salive; de petits papillons, des teignes, des phalènes, des moucherons, des cousins, s'empêtrent par douzaines à la perfide glu. Si le morceau est gros, l'oiseau l'avale à l'instant, en entier, tout en vie; si le gibier est menu, il attend d'avoir englué un certain nombre d'insectes pour les avaler en masse et n'en faire qu'une bouchée.

EMILE. — Il avale les gros stercoraires et les hannetons vivants?

PAUL. — Vous concevez bien que, dans sa chasse précipitée, l'oiseau n'a pas le temps de dépecer les captures. Courir sus à l'insecte avec le bec ouvert, le happer, l'engluer, l'avaler, tout cela se fait au vol sans un instant d'arrêt. Aussitôt pris, les plus gros coléoptères descendent grouiller vivants au fond de l'estomac.

Emile. — Quand il y en a une douzaine, cela doit faire un singulier remue-ménage dans le ventre de l'oiseau.

Paul. — Plus d'un, à la place de l'engoulevent, aurait la digestion troublée par une poignée de stercoraires et de hannetons, gigottant dans l'estomac et titillant ses parois avec leurs rudes jambes éperonnées; mais j'aime à croire que l'oiseau a le moyen de les immobiliser aussitôt en les asphyxiant de ses sucs digestifs. Puisqu'il fait le métier de se bourrer le jabot de gros coléoptères en vie, il doit connaître la recette pour les empêcher de lui trouer le ventre. Je n'admire pas moins sa puissance de digestion. Il n'y a rien de tel que la bête pour avoir un estomac que rien ne trouble.

Vu de près, dans l'exercice de ses fonctions, l'engoulevent n'est pas beau. Son crâne plat, son bec dont la fente semble partager la tête en deux, son gosier affreusement baillant, rouge, visqueux, enfariné de débris de phalènes, ses gros yeux saillants, lui donnent un peu la tournure du crapaud. C'est ce qui lui a mérité le nom vulgaire de *Crapaud-volant*. On l'appelle encore *Tète-chèvre* par une fausse interprétation d'un détail de ses mœurs. L'engoulevent fréquente volontiers le voisinage des parcs et des bergeries, pour donner la chasse aux stercoraires qu'attire le crottin des troupeaux. Le voyant apparaître au milieu de leurs brebis et de leurs chèvres, des bergers se sont imaginés qu'il vient là pour téter. En y regardant de plus près, ils auraient reconnu combien leur supposition est ridicule. Un oiseau téter, allons donc! Mais plus une idée est ridicule, plus elle a de chance de se propager; et le nom absurde de *Tète-chèvre* est plus connu dans bien des localités que le nom si juste, si expressif d'engoulevent.

Cet oiseau nous arrive des pays chauds vers le mois de mai et nous quitte en septembre. Il ne construit pas de nid, imitant en cela divers oiseaux de proie nocturnes. Quelque trou en terre ou parmi les pierrailles, au pied d'un arbre ou d'un rocher, et le plus souvent laissé tel qu'il se trouve, lui suffit pour sa ponte, composée de deux ou trois œufs, mouchetés de fauve et de bleuâtre sur un fond blanc.

En terminant, j'appelle tout votre intérêt sur ces oiseaux à grand gosier qui chassent l'insecte au vol, principalement sur les martinets et les hirondelles, incomparables défenseurs de nos greniers, de nos jardins, de nos vestiaires, de nos propres personnes. Que penseriez-vous de quelqu'un qui posséderait l'exécrable secret de créer par boisseaux teignes et moucherons, alucites et phalènes, pyrales, charançons et cousins, et lâcherait dans les airs la calamiteuse engeance?

LOUIS. — Il ferait œuvre pendable.

PAUL. — Ainsi fait celui qui tue une hirondelle. Il ne procrée pas, il est vrai, des teignes, des alucites et des cousins, mais il sauve la vie à ceux que l'hirondelle aurait mangés; il fait œuvre pendable tout autant que s'il les créait exprès pour les lâcher sur nous. Il fait œuvre impie, car il accueille avec du plomb la gentille, la joyeuse créature, messagère du printemps, qui vient, confiante, lui demander l'hospitalité sous le rebord du toit de sa maison; il fait œuvre de famine, car il favorise la multiplication des races dévorantes, prélevant chaque année sur les biens de l'agriculture des valeurs qui se chiffrent par milliers de millions, et de jour en jour plus formidables à mesure que diminuent les oiseaux mangeurs d'insectes. Œuvre impie, œuvre de famine, œuvre pendable, voilà ce que fait, en réalité, le stupide assassin d'hirondelles.

XXXI. — Le Bec.

PAUL. — Parmi les petits oiseaux, une foule d'autres se trouvent qui se nourrissent à peu près exclusivement d'insectes et par là rendent de signalés services à l'agriculture. Vous parler de tous en détail serait un peu trop long; d'ailleurs la plupart vous sont familiers: vous les avez journellement sous les yeux dans les bosquets, les jardins, les vergers, les champs. Je me bornerai au caractère essentiel qui distingue les oiseaux mangeurs d'insectes des oiseaux mangeurs de graines. Quelques traits de mœurs sur les plus importantes espèces compléteront ma rapide revue.

L'alimentation des petits oiseaux se classe en deux genres de nourritures : la graine et l'insecte. A certains il faut du millet, du chènevis, des pépins, des semences de toute sorte; à d'autres il faut des vermisseaux, des larves, des insectes. Le choix de l'un ou de l'autre genre de nourriture est déterminé par la configuration du bec, de même que le régime d'un mammifère est sous la dépendance de la structure des dents. Les molaires triturantes du cheval et du bœuf exigent du fourrage à broyer sous leurs plates et larges couronnes; celles du loup et du chat, avec leurs arêtes tranchantes, veulent de la chair à découper par lambeaux. Pareillement, le bec de l'oiseau, suivant qu'il est fait de telle ou de telle autre manière, qu'il est gros ou menu, robuste ou faible, exige la graine dure, qui craque sous la mandibule et s'ouvre en cédant son amande, ou bien le vermisseau tendre, qui s'avale sans avoir besoin d'être écrasé. Montre-moi ton ratelier, disions-nous d'un mammifère, et je saurai ce que tu manges. Montre-moi ton bec, dirons-nous maintenant de l'oiseau, et je saurai si tu vis d'insectes ou de graines. L'oiseau qui vit de graines, ou le *granivore*, a le bec fort, conique, large à la base, d'autant plus robuste qu'il est fait pour ouvrir des semences plus dures; l'oiseau qui vit d'insectes, ou *insectivore*, a le bec fluet, mince, délicat, d'autant plus faible qu'il saisit vermine plus molle. Le langage vulgaire fait cette distinction en désignant les petits oiseaux granivores par le terme général de *gros-bec*, et les insectivores par celui de *bec-fin*. Emparons-nous de ces deux mots expressifs et formulons ainsi la règle : *au gros-bec la semence, au bec-fin le vermisseau.*

Et maintenant, sans plus tarder, mettons la règle en

pratique. Voici un oiseau (*fig.* 53) dont vous ne connaissez peut-être pas le genre de nourriture. Si je vous demande

Fig. 53. — Gros-bec. — Le Verdier.

ce qu'il mange d'après la forme du bec, serez-vous embarrassés ?

Jules. — Ce bec si robuste, si large à sa base, croque certainement les plus dures semences.

Emile. — Cet oiseau-là vit certainement de graines; il le porte écrit sur sa grosse figure.

Paul. — C'est, en effet, un consommateur de toutes sortes de semences; c'est le *Verdier* de nos taillis, verdâtre dessus, jaunâtre dessous, avec les bords de la queue jaunes. La couleur dominante de son costume, le vert mêlé de jaune, lui a valu le nom de Verdier. Et celui-ci? (*fig*. 54.)

Emile. — Au gros-bec la semence, au bec-fin le ver-

Fig. 54. — Bec-fin. — La Fauvette des roseaux.

misseau. Le bec est sans force, un peu long, mais fluet; l'oiseau est un mangeur d'insectes.

Paul. — Et des plus zélés, car il appartient à la famille des Fauvettes, ces délicieux chanteurs qui craindraient de s'enrouer en mangeant la graine aride et farineuse. Pour s'entretenir l'harmonieuse flexibilité du gosier, il faut à ces incomparables artistes la fine graisse des chenilles et la tendre bouchée de larves ; ils se garderaient bien de toucher à de grossières semences qui leur gâteraient la voix.

C'est la Fauvette des roseaux, qui vit de libellules, de petits hannetons, de cousins, de taons, happés au vol. Elle niche dans les saussaies, parmi les roseaux. Elle est d'un brun roussâtre en dessus, d'un blanc jaunâtre en dessous.

Pour terminer, voyons ce troisième (*fig.* 55).

Fig. 55. — Bergeronnette grise ou Lavandière.

Emile. — Encore un bec-fin, encore un mangeur d'insectes.

Paul. — Ce n'est pas plus difficile que cela. L'oiseau porte trois noms : *Lavandière*, *Hochequeue*, *Bergeronnette*. Lavandière, parce qu'il fréquente le bord des eaux, en compagnie des laveuses ; hochequeue, parce qu'il hoche sa longue queue à chaque pas qu'il fait ; bergeronnette, parce qu'il aime la société des bergers et des troupeaux. Il est cendré dessus, blanc dessous, noir derrière la tête, à la gorge et à la poitrine.

Les lavandières courent gaiement sur les sables des bords de l'eau à la recherche de la vermine. A tout instant elles s'élancent à quelques pieds du sol, se balancent, pirouettent et retombent sur quelque petite élévation. On les voit aussi trottiner dans les prairies, parmi les moutons, sur le dos desquels elles se posent, même en présence du berger, pour saisir sous la laine les insectes parasites. Elles vivent de petites limaces, de papillons, de mouches, de larves.

La *Bergeronnette du printemps* a le dos d'un vert-olivâtre, la tête d'un cendré-bleu, la poitrine et le ventre jaunes, les sourcils blancs. Elle fréquente en bandes nombreuses les terrains élevés, les champs labourés, qui lui offrent en abondance sa nourriture habituelle petits vers, chenilles et moucherons. En été, elle se tient dans les lieux humides, dans les prés, souvent à la suite des troupeaux.

Entre les oiseaux qui vivent exclusivement les uns de graines, les autres d'insectes, doivent se classer, sous le rapport de l'alimentation, ceux qui s'adonnent à un régime mixte et mangent indifféremment, suivant les saisons, les lieux, les circonstances, insectes et graines, larves et baies. Leur bec n'a pas la forme robustement conique des granivores purs, ni la forme délicatement amincie des insectivores ; il est intermédiaire entre ces deux extrêmes. Ce bec, bon à tout, est l'apanage des *Alouettes*, joie de nos sillons ; des *Grives* et des *Merles*, amateurs des baies de la vigne et du genévrier, mais non moins friands d'insectes ; du *Loriot*, superbe oiseau noir et jaune, qui adore les cerises relevées par quelques larves de haut goût ; de l'*Étourneau*, qui se compose un menu de figues, de raisins, d'insectes, de limaçons et de diverses graines.

L'étourneau est un magnifique oiseau, presque de taille du merle, tout reluisant de reflets métalliques sur son costume sombre. Il est d'un noir lustré, changeant en vert brillant sur la tête et les ailes, en violet sur la poitrine et le dos. L'extrémité de la plupart des plumes est ornée d'une tache d'un blanc-roussâtre. Il niche sous les couvertures des édifices, dans les colombiers et le creux des arbres. Le nid, composé de paille à l'extérieur, d'herbes sèches et de plumes à l intérieur, contient quatre œufs blanchâtres sans aucune tache. Les étourneaux nous arrivent en automne. Ils volent par

Fig. 56. — Alouette des prés.

nombreuses bandes qui tourbillonnent à la manière du grain vanné dans un crible, et jettent du haut des airs des cris perçants. Ils s'abattent dans les marécages et dans les prairies humides, où ils détruisent beaucoup de vermine.

XXXII. — Les Insectivores.

Paul. — Reprenons maintenant l'énumération des principaux becs-fins, consommateurs exclusifs d'insectes, et par conséquent auxiliaires de premier mérite. Ce sont tous des oiseaux de petite taille, de forme délicate et gracieuse, de costume modeste. Là se trouvent les chanteurs de talent, les artistes en roulades qui font retentir la feuillée des fraîches cantates du printemps.

C'est d'abord le *Rossignol*, tout de brun habillé, sauf le dessous qui est d'un blanc indécis. Écoutez-le par une calme soirée du mois de mai : tout fait silence pour ne rien perdre de l'hymne de l'oiseau. Il débute par quelques phrases timidement cadencées :

Tiouou, tiouou, tiouou, tiouou,
Schpe, tiou, tokoua.

Il s'anime :

Tio, tio, tio, tio, tio.
Kououtio, kououtiou, kououtiou, kououtiou;
Tskouo, tskouo, tskouo, tskouo,
Tsii, tsii, tsii, tsii, tsii, tsii, tsii.

La phrase s'accentue, la mélodie s'accélère :

Dlo, dlo, dlo, dlo, dlo, dlo;
Kouiou trrrrrrritz !
Lu lu lu, ly ly ly ly, lî lî lî lî.

L'enthousiasme éclate, l'oiseau se livre aux plus brillantes roulades; mais notre rauque alphabet est impuissant à suivre la flexibilité de ce merveilleux gosier.

Le rossignol, dit Buffon, commence par un prélude timide, par des tons faibles, presque indécis, comme s'il voulait essayer son instrument et intéresser ceux qui l'écoutent; mais ensuite, prenant de l'assurance, il s'anime par degrés et déploie toutes les ressources de son incomparable organe. Coups de gosier éclatants, batteries vives et légères; fusées de chant, où la netteté est égale à la volubilité; murmure intérieur et sourd qui n'est point appréciable à l'oreille, mais propre à augmenter l'éclat des sons appréciables; roulades précipitées, brillantes et rapides, articulées avec force et même avec une dureté de bon goût; accents plaintifs cadencés avec molesse ; sons filés sans arts, mais enflés avec âme ; sons enchanteurs et pénétrants qui semblent sortir du cœur et exprimer une langueur touchante : tels sont les tons passionnés par lesquels, dans un langage sans doute plein de sentiment, ce chantre de la nature semble chercher à charmer sa compagne ou bien à disputer, devant elle, le prix du chant à des rivaux jaloux.

J'ai vu des barbares interrompre d'un coup de feu l'adorable romance du rossignol. Ils disent que six rossignols font une excellente brochette. Horreur ! A quel point donc l'homme est-il brute lorsqu'il ne prend conseil que de son ventre.

Le rossignol place son nid dans un buisson, à une faible élévation, parfois même entre des racines. Il le compose d'herbes grossières et de feuilles de chêne au dehors, de bourre et de crins au dedans. La ponte est de cinq œufs d'un vert sombre.

Avec le rossignol, mais en seconde ligne par le chant, se classent les fauvettes, dont on compte en Europe une trentaine et plus d'espèces. Toutes se nourrissent de mouches, de chenilles, de petits coléoptères, d'araignées, de larves variées. Leurs nids sont travaillés avec beaucoup d'art. Quelques-unes nichent sur les arbres et dans les haies de nos jardins ; d'autres préfèrent les halliers, les bosquets solitaires ; d'autres choisissent des trous d'arbre et de muraille ; d'autres bâtissent sur pilotis au-dessus des eaux d'un marécage, c'est-à-dire rapprochent trois ou quatre menus roseaux par des ligatures et construisent leur nid sur cet oscillant appui ; d'autres enfin se contentent d'une petite excavation à terre. Citons parmi les plus répandues, la *Fauvette à tête noire*, ainsi nommée à cause de la calotte noire qui lui couvre le haut du crâne et la nuque. Vous vous rappelez que c'est un des martyrs du coucou, comme en fait foi le nid trouvé ces jours derniers dans le fond du jardin. Citons encore la *Fauvette babillarde*, amie des taillis, des vergers et des jardins ; la *Fauvette effarvate*, qui, sur le bord des rivières, dans la feuillée des saules, répète d'une voix rauque et douze à quinze fois de suite *tran*, *tran*, *tran*, *tran;* la petite *Fauvette rousse* qui visite nos arbres fruitiers en disant *zip zap*, *zip zap*, *zip zap;* la *Fauvette des marais*, qui construit son nid parmi les roseaux des marécages; la *Fauvette des Alpes*, ou *Accenteur*, hôte des chalets et chantre harmonieux des hautes cimes neigeuses.

Notons maintenant le *Motteux* ou *Cul-blanc*, qui vole de motte en motte au milieu des guérets, d'où son nom de motteux, et dans sa fuite étale son croupion blanc, point de mire du chasseur, d'où son deuxième nom. Il est cendré sur le dos, blanc-roussâtre dessous, noir aux ailes et sur les sourcils. Il fréquente les champs qu'on laboure pour happer les vermisseaux mis à découvert par la charrue. Son nid est placé sous une motte de gazon, parmi les tas de pierres, ou bien dans les trous de petits murs secs. Il se compose de mousse, de gramens et de plumes. Ses œufs, au nombre de quatre ou cinq, sont d'un bleu pâle. Les terres de prédilection des motteux sont les plateaux arides et rocailleux; c'est là qu'on les voit par nombreuses bandes, en automne, voler d'une roche à l'autre, d'une motte à l'autre, en rasant le sol.

A côté des motteux mettons le *Traquet*, petit oiseau vif et remuant, qu'on voit toujours perché sur le plus haut rameau d'un buisson, d'une ronce, d'où il répète en frétillant *ouistratra*, *ouistratra*. Si de cet observatoire il découvre un insecte sur le sol, il s'élance, le saisit et remonte aussitôt à son perchoir par un petit élan en ligne courbe, à la manière des pies-grièches. Son plumage est brun, avec la poitrine rousse et la gorge noire. Les côtés du cou, l'aile et le croupion sont ornés de blanc. Les traquets fréquentent les haies qui bordent les champs ensemencés et les pâturages secs ; on ne les voit jamais, pas plus que les motteux, dans les terres humides des bords des rivières. Pour construire leurs nids et déposer leurs cinq ou six œufs d'un bleu-verdâtre, ils choisissent les racines des buissons, les crevasses des rochers, les tas de pierres.

Je me ferais un crime d'oublier ici le *Rouge-gorge*, à mon sens le plus gracieux de nos petits oiseaux par sa mine éveillée, son regard doux, sa curiosité familière qui le fait venir ramasser les miettes du berger trempant son pain dans l'eau claire d'une fontaine. C'est le plus matinal des chanteurs. Dès l'aube, il fait entendre le cliquetis de ses notes précipitées, ou se livre à de légères modulations qui rappellent quelques passages du chant du rossignol. Qui ne connaît son cri d'alerte lancé des profondeurs d'un buisson touffu : *trit*, *tirititit*, *tirit*, *tirititit*, et son cri d'appel au passage de quelqu'un des siens : *uip*, *uip !*

Le rouge-gorge a le dessus d'un brun-olivâtre, la gorge et la poitrine d'un roux ardent, le ventre blanc. Il niche dans les fourrés les plus épais des bois, parmi les racines moussues des arbres. Son nid composé de feuilles, de crin, de bourre et de plumes, contient de cinq à sept œufs blanchâtres, tachetés de roux.

En hiver, le rouge-gorge abandonne sa forêt natale, se rapproche des fermes et vient chercher sa nourriture jusque dans les habitations. Dieu vous garde, mes petits amis, de tromper jamais sa confiance lorsque, par une âpre journée de neige, il vient discrètement frapper du bec aux vitres et demander l'hospitalité. Accueillez le pauvre petit affamé, il vous le rendra au centuple par son doux gazouillement et son ardeur à protéger les biens de la terre.

Mais en voilà suffisamment sur les becs-fins. Au point où nous en sommes arrivés, vous devez très-bien comprendre de quel immense intérêt sont pour l'agriculture ces légions de mangeurs d'insectes, qui se partagent le travail dans les champs, les haies, les prairies, les jardins, les bois, les vergers, et font une guerre continuelle à toute espèce de vermine, terrible engeance qui détruirait les récoltes si d'autres que nous n'y veillaient assidûment, d'autres plus habiles, mieux doués en finesse de vue et patience de recherche, et n'ayant pas autre chose à faire. Je n'exagère pas, mes petits amis : sans les oiseaux insectivores, la famine nous décimerait. Qui donc alors oserait, à moins d'être un idiot destructeur, toucher aux nids de ces oiseaux du bon Dieu, qui égaient la campagne de leur ramage et nous défendent contre le dévorant fléau de l'insecte ? Il y a, je le sais, il y a de féroces gamins, qui, s'ils peuvent manquer l'école, ennuyés du livre et de la leçon, se font un passe-temps de grimper aux arbres, de visiter les haies pour dénicher les oisillons, qui misérablement périssent, et les œufs, piteusement écrasés. Ces maudits, le garde-champêtre les surveille et la loi les frappe de toutes ses rigueurs, afin que, défendu par l'oiseau, le champ continue à produire ses gerbes et le verger ses fruits.

XXXIII. — Les Granivores.

Paul. — Autant je viens d'être sévère envers les destructeurs d'oiseaux insectivores, autant, à ne consulter que les premières apparences, je devrais être indulgent pour ceux qui donnent la chasse aux granivores. Ces oiseaux, voués au régime végétal, ne sont-ils pas nuisibles aux récoltes, ne picorent-ils pas dans les champs de céréales, ne prélèvent-ils pas une abondante moisson de semences, de bourgeons, de fruits, de jeunes plantes de jardinage? Il y en a qui savent extraire le froment de son épi, qui viennent effrontément partager avec la volaille l'avoine jetée dans les basses-cours. D'autres préfèrent la chair juteuse des fruits, ils savent avant nous si les cerises sont mûres, si les poires sont fondantes. Quand vous venez faire la récolte, vous ne trouvez que leurs restes. Il y en a même qui ont des becs impossibles, extravagants, pour éventrer les fruits et les faire sauter par quartiers afin d'atteindre les pépins, leur morceau de prédilection. Voyez le bec de celui-ci (*fig.* 57) et dites-moi si vous connaissez un outil plus singulier.

JULES. — Les deux mandibules sont en travers l'une de l'autre; au lieu de se rejoindre, elles se croisent comme les lames de vieux ciseaux détraqués.

EMILE. — A quel travail peut se livrer ce bec estropié, dont les pointes regardent l'une en haut l'autre en bas ? Jamais il ne parviendra à ramasser une graine à terre.

Fig. 57. — Bec-croisé.

PAUL. — Aussi n'est-ce pas à terre qu'il recueille la nourriture. Sa manière de procéder est plus compliquée.

Disons d'abord que l'oiseau se nomme *Bec-croisé*, eu égard au croisement des deux mandibules. Cette bizarre disposition n'est pas le résultat d'un accident survenu à l'oiseau, par exemple d'une entorse à la suite d'un violent effort; ce n'est pas l'état d'un bec estropié, comme le dit Emile, mais bien un état naturel. L'oiseau naît avec ce bec biscornu et n'en a jamais d'autre. Il est fort douteux même, s'il en avait la faculté, qu'il voulût jamais en changer, tant il le trouve outil précieux pour le travail à faire. Le bec-croisé aime par-dessus tout les semences du pin. Prenez un cône de pin (*fig.* 58) et soulevez-en les écailles à la pointe du couteau. Vous trouverez derrière chacune d'elles deux semences imprégnées d'huile et relevées d'un léger parfum de résine. Voilà l'exquis manger que cherche l'oiseau; mais comment l'extraire de dessous les écailles, si dures et solidement imbriquées? Un gros-bec vainement cognerait ces écailles

Fig. 58. — Cône de pin.

de son robuste outil sans parvenir à les faire entrebailler ; nous-mêmes, à l'aide d'un couteau, n'y parvenons pas sans peine. Le bec-croisé se joue de ce rude travail: il insinue la pointe d'une mandibule sous l'écaille, et, prenant appui sur l'autre, il tourne et fait levier. En moins de rien, l'écaille se soulève et la semence vient. Les dents d'une clef, tournant sur son pivot, ne font pas céder plus aisément le ressort d'une serrure.

Jules. — Je reprends en estime ce bec qui d'abord m'avait paru si gauche ; c'est une excellente clef pour forcer la serrure des écailles de pin.

Paul. — Ce bec n'est pas moins habile pour faire sauter les pommes par quartiers et atteindre les pépins. Je ne voudrais pas avoir des *Becs-croisés* par douzaines dans un verger de pommiers ; ils auraient bientôt mis les fruits en pièces. Heureusement ces oiseaux préfèrent aux pays de plaines les régions montagneuses et froides couvertes de sombres forêts de sapins. Leur plumage est d'un roux vif plus ou moins teint de vert et de jaunâtre. Les becs-croisés nichent dans les pays les plus froids de l'Europe et construisent leurs nids au cœur même de l'hiver. Leurs matériaux sont la mousse et les lichens, rendus imperméables à l'humidité des neiges par un enduit de résine.

Je ne plaiderai pas la cause du bec-croisé, son goût pour les pépins de pommes et de poires me le rend bien suspect ; mais je ferai valoir en faveur des granivores, en général, quelques raisons qui me frappent. D'abord, la plupart de ces oiseaux se nourrissent de graines sauvages, pour nous sans valeur aucune quand elles ne sont pas nuisibles dans les champs. Nous sarclons nos cultures, nous nettoyons la terre des mauvaises herbes qui l'épuisent inutilement. Beaucoup de granivores sarclent à leur manière, ils cueillent les graines qui infesteraient les champs. Par exemple, ne devons-nous pas reconnaître les bons offices du *Chardonneret* qui, à la maturité des chardons, s'abat sur leurs têtes épineuses et recherche leurs graines au milieu de la bourre.

JULES. — Le mot *chardonneret* vient alors de chardon ?

PAUL. — Précisément, l'oiseau porte le nom de la plante dont il affectionne les semences. Je ne vous décrirai pas ce gentil petit oiseau, si bien connu de vous tous.

ÉMILE. — Il a du rouge sur la tête; du jaune, du blanc et du noir aux ailes.

PAUL. — Son nid, un des mieux travaillés, est placé dans l'enfourchure de quelque branche flexible. L'extérieur se compose de mousses et de lichens feutrés avec de la bourre de chardons et d'autres plantes dont les graines sont surmontées d'aigrettes soyeuses, comme les séneçons et les pissenlits; l'intérieur, artistement arrondi, est doublé d'une épaisse couchette de crins, de laine et de plumes. Les œufs, au nombre de cinq ou six, sont blancs et tiquetés de brun rougeâtre, principalement au gros bout. Le chardonneret mérite tous nos égards; il nous égaie de son babil et se livre ardemment au sarclage des terres infestées de chardons et de séneçon.

Je ferai valoir pareillement en faveur de la *Linotte* qu'elle se nourrit de toutes les menues graines des champs, et qu'elle fait ainsi un très-honorable métier de sarcleuse. Cependant je ne veux pas cacher sa prédilection pour la graine du lin, prédilection qui lui a valu le nom qu'elle porte. Le chènevis est aussi son régal. Mais chanvre et lin ne se trouvent pas partout, et l'oiseau sait très-bien s'en passer en cueillant une foule de graines nuisibles pour nous. Elle niche de préférence dans les cantons montueux, au sein de quelque touffe de genévrier ou de buisson. Son nid contient cinq ou six œufs blancs tachetés de roux. Son plumage est brun, avec du rouge cramoisi sur la tête et sur la poitrine

Au rôle de sarcleurs, les oiseaux, mangeurs de graines en joignent un second plus méritoire. La semence, il est vrai, leur fournit l'habituelle nourriture; mais l'insecte n'est pas tellement dédaigné que la plupart d'entre eux n'en fassent ample consommation lorsqu'il abonde et se trouve de capture facile. S'ils n'ont pas la patience de rechercher la vermine dans ses plus secrets réduits avec le soin minutieux qu'y mettent les becs-fins, ils profitent du moins de celle qu'une bonne fortune amène à leur portée. Pouvoir assaisonner la graine de quelques vermisseaux est le plus souvent pour eux excellente aubaine. Et puis la graine préférée peut faire défaut dans le canton, le chardonneret n'a pas toujours des semences de chardon et la linotte des semences de lin; que faire alors, si ce n'est prendre patience en mangeant des insectes.

Enfin, il y a mieux. Dans leur jeune âge, alors que faibles et sans plumes, ils reçoivent la becquée de leurs parents, beaucoup de granivores sont alimentés avec des insectes. La raison en saute aux yeux. On comprend tout de suite que le jabot délicat d'un oisillon récemment sorti de la coque de l'œuf, n'est pas de force à digérer des semences maigres et coriaces. Il lui faut quelque chose de plus substantiel, de plus nutritif sous un moindre volume, de plus tendre surtout, comme la marmelade de vermisseaux préparée à point dans le bec de la mère. Un peu plus tard, au premier poil follet, viendront les petites chenilles molles servies entières, puis les insectes, qui, plus consistants, prépareront l'estomac à la digestion laborieuse de la graine. Je prends au hasard quelques exemples.

Le *Pinson*, le gai pinson, est un granivore bien avéré, amateur du millet et du chènevis. Or, que donne-t-il à ses petits encore au nid? Il leur sert des chenilles à peau rase, des larves tendres, des insectes choisis parmi les plus faciles à digérer. Je peux en dire autant du *Verdier*, à plumage indécis entre le vert et le jaune; du *Bouvreuil*, à poitrine et ventre rouges; des divers *Bruants*, qui viennent l'hiver, en troupes, becqueter autour de nos meules de paille. Ces derniers, cependant, sont voués, plus peut-être encore que les autres, au régime de la graine, puisqu'ils ont à l'intérieur du bec, à la mandi-

Fig. 59. — Le Pinson.

bule supérieure, un tubercule dur expressément pour l'écraser.

Je pourrais multiplier ces exemples, mais je préfère m'arrêter un moment sur un oiseau plus connu de vous, sur le *Moineau*. Voilà, certes, un décidé mangeur de graines. Il maraude dans les colombiers et les basses-cours et pille leur manger aux pigeons et à la volaille, il moissonne avant nous les champs de céréales voisins des habitations. Bien d'autres méfaits sont à sa charge. Il dévalise les cerisiers, il picore dans les jardins, il fourrage les semis qui lèvent, il se rafraîchit avec les jeunes laitues et les premières feuilles des petits pois. Mais, vienne la saison des œufs, et l'effronté pillard se convertit en un auxiliaire comme il y en a peu. Vingt fois par heure au moins, le père et la mère, à tour de rôle, apportent la becquée aux petits, et chaque fois le menu se compose tantôt d'une chenille, tantôt d'un insecte assez gros pour exiger d'être partagé en quartiers, tantôt d'une larve grasse à lard, tantôt d'une sauterelle ou d'autre gibier encore. En une semaine, la nichée consomme environ trois mille insectes, larves, chenilles, vermisseaux de toute espèce. J'ai compté, mes amis, autour d'un seul nid de moineau, les débris de sept cents hannetons, non compris les petits insectes vraiment innombrables. Voilà les victuailles qu'il avait fallu pour élever une seule couvée. Que détruisent donc en vermine toutes les nichées d'une commune ! Après de tels services, donne la chasse aux moineaux qui voudra; pour moi, je les laisse en paix tant qu'ils ne deviennent pas trop incommodes.

Ma conclusion est celle-ci : mangeurs de grains et mangeurs d'insectes, gros-becs et becs-fins, qui plus, qui moins, nous viennent tous en aide. Paix donc aux petits oiseaux, joie de la campagne et sauvegarde des récoltes.

XXXIV. — Couleuvres et Lézards.

Paul. — Je me propose aujourd'hui de prendre la défense des reptiles, classe de réprouvés, objets d'horreur pour la plupart d'entre nous et voués à l'exécration générale. Je vous ai montré quels services nous rendent les chauves-souris, malgré la répugnance qu'elles nous inspirent; dans ces animaux qualifiés de hideux et traités en ennemis, je vous ai fait reconnaître de précieux auxiliaires, de véritables hirondelles de nuit adonnées à l'extermination des insectes crépusculaires. La raison apportant ses lumières au sein des ténèbres du préjugé, la bête détestable s'est trouvée animal fort utile. Je vais essayer pareillement de vous faire démêler le faux et le vrai dans l'histoire de ces autres maudits, les reptiles. Commençons par les serpents.

Si, pour expliquer notre aversion pour les chauves-souris, nous pouvons invoquer leur configuration qui nous répugne par son étrangeté, nous ne trouvons pas dans les serpents les mêmes motifs de répulsion. Leur forme svelte ne manque pas d'élégance, la souplesse de leurs mouvements onduleux est gracieuse à la vue, leur peau écailleuse est ornée de couleurs franches qui plaisent par leur symétrie. Notre aversion a son origine ailleurs. Quelques serpents sont venimeux, ils sont armés d'un redoutable engin de mort. Certes, ce n'est pas avec ceux-là que je veux vous réconcilier; s'il ne dépendait que de moi de leur écraser la tête à tous, bien volontiers j'en délivrerais la terre. D'autres, beaucoup plus nombreux, sont dépourvus de toute espèce d'appareil venimeux, et de la sorte sont parfaitement inoffensifs, à moins qu'ils ne soient de taille à nous nuire par leurs seules forces musculaires, ce qui n'est pas rare dans les pays chauds de l'équateur, mais ne se présente jamais dans nos pays, où le plus gros serpent ne pourrait résister aux efforts mêmes d'un enfant. Ainsi les uns sont excessivement à craindre à cause de leur venin; les autres, du moins ceux de nos contrées, ne nous font courir aucune espèce de danger. D'habitude, cette distinction fondamentale nous échappe. La mauvaise réputation de l'animal à morsure mortelle est sans examen généralisée, et tous les serpents indistinctement nous inspirent de l'horreur, parce que nous les croyons tous venimeux. Nous n'avons en France qu'un seul serpent venimeux, la *Vipère;* tous les autres sont inoffensifs, les plus grands comme les plus petits, et portent le nom de *Couleuvres*.

En vous racontant l'histoire des *Ravageurs*, je vous ai déjà parlé de la vipère; je vous ai décrit sa forme, sa coloration, la structure de son appareil venimeux, les effets de sa morsure. Je répète ici les faits les plus saillants de notre ancienne conversation, afin de vous donner en son ensemble l'histoire de nos serpents.

Tous les serpents dardent entre leurs lèvres, avec une extrême vélocité, un filament noir, très-flexible et fourchu. Pour beaucoup de personnes, c'est l'arme du reptile, le dard comme l'on dit; mais, en réalité, ce filament n'est autre chose que la langue, langue tout à fait inoffensive, dont l'animal se sert pour happer les insectes dont il se nourrit et pour exprimer à sa manière les passions qui l'agitent en la passant rapidement entre les lèvres. Tous les serpents, sans exception, en ont une; mais, dans nos contrées, la vipère seule possède le terrible appareil à venin.

Cet appareil se compose d'abord de deux crochets ou dents longues et aiguës placées à la mâchoire supérieure. Ces crochets sont mobiles : à la volonté de l'animal, ils se dressent pour l'attaque ou se couchent dans une rainure de la gencive et s'y tiennent inoffensifs comme un stylet dans son étui. De la sorte, le reptile ne court pas le risque de se blesser lui-même. Ils sont creux et percés vers la pointe d'une fine ouverture, par laquelle le venin se déverse dans la plaie. Enfin, à la base de chaque crochet, se trouve une petite poche pleine du liquide venimeux. C'est une humeur d'innocent aspect, sans odeur, sans saveur; on dirait presque de l'eau. Quand la vipère frappe de ses crochets, la poche à venin chasse une goutte de son contenu dans le canal de la dent, et le terrible liquide s'infiltre dans la blessure. C'est en se mélangeant avec le sang que le venin produit ses effrayants effets.

Jules. — Je me rappelle très-bien tout cela, ainsi que les moyens qu'il faut prendre pour empêcher le venin de se propager dans la masse du sang.

Paul. — La vipère, vous disais-je encore, habite de préférence les collines chaudes et rocailleuses; elle se tient sous les pierres et dans les fourrés de broussailles. Sa couleur est brune ou roussâtre. Elle a sur le dos une bande sombre en zigzag, et sur chaque flanc une rangée de taches dont chacune correspond à un des angles rentrants de la bande dorsale. Son ventre est d'un gris-ardoisé. Sa tête est un peu triangulaire, plus large que le cou, obtuse et comme tronquée en avant. La vipère est timide et peureuse; elle n'attaque l'homme que pour sa défense. Ses mouvements sont brusques, irréguliers, pésants.

Jules. — De quoi se nourrit-elle, la vipère; mange-t-elle seulement des insectes, ramassés avec la langue?

Paul. — Sa nourriture principale consiste en une proie plus forte, qui exige l'emploi de l'arme venimeuse. Les petits rats des champs, les mulots, les campagnols, les taupes, quelquefois les grenouilles et même les crapauds, sont ses habituelles victimes. L'animal surpris par le reptile est d'abord piqué avec les crochets à venin; une prompte agonie est la conséquence de cette blessure. Quand la proie est morte, la vipère l'enlace de ses replis, la presse avec force et la pétrit en quelque sorte pour l'amincir, car elle doit l'avaler en une seule bouchée, serait-elle plus grosse que son corps. Cette préparation terminée, la gueule bâille tant qu'elle peut, les deux mâchoires semblent se disjoindre, et, de leurs dents pointues, recourbées vers le gosier, happent la tête du campagnol ou du mulot. Un flot de salive inonde alors le cadavre pour le rendre plus glissant; mais la bouchée est si volumineuse, que la vipère ne vient à bout de l'engloutir qu'avec une peine extrême. Le gosier se dilate et se contracte, les mâchoires se meuvent alternativement de droite et de gauche pour faire cheminer le morceau. Il faut parfois des heures, parfois la journée entière pour cette laborieuse déglutition. Il n'est pas rare que la moitié antérieure de la proie soit déjà soumise au travail digestif de l'estomac, tandis que la moitié postérieure n'a pas encore franchi le gosier et attend hors de la gueule.

Arrivons aux couleuvres. Aucune d'elles n'a de crochets venimeux à la mâchoire; leurs dents sont égales, fines, sans force, bonnes pour retenir la proie et venir en aide à la déglutition, aussi pénible que celle de la vipère, mais insuffisantes pour produire une sérieuse blessure. Ces animaux sont d'ailleurs très-craintifs; à la moindre alerte, ils se hâtent de fuir. Si la retraite leur est impossible, ils font bonne contenance pour en imposer à l'ennemi; ils se roulent en spirale, dressent la tête, la balancent, soufflent et cherchent à mordre. Il n'y a pas lieu de s'effrayer de ces menaces; une égratignure sans aucune gravité, pareille à quelques légers coups d'épingle, c'est tout ce qui peut nous arriver de pire. Il n'est personne qui mettant la main dans un buisson n'ait été blessé plus grièvement par les épines.

JULES. — Si ce n'est pas plus dangereux, je n'hésiterais pas à prendre une couleuvre avec les mains.

PAUL. — Je ne vous dis pas cela pour vous engager à prendre ces animaux et vous en servir après de jouet, je désire, au contraire, que vous les laissiez tranquilles, mais je désire aussi dissiper une frayeur que rien ne motive, cette frayeur du serpent si répandue dans les campagnes. La peur, mauvaise conseillère, jamais ne fait grâce à la couleuvre. Les enfants croient faire œuvre méritoire en lapidant la bête trouvée dans un trou de mur; le passant l'assomme de son bâton, s'il la rencontre traversant la route; le faucheur, au milieu des herbes, lui tranche la tête d'un coup de faux. S'ils n'écoutaient pas une folle frayeur, une aversion non raisonnée, ils laisseraient la bête en paix et les choses n'en iraient pas plus mal, car les couleuvres, non-seulement sont inoffensives, mais encore nous rendent d'excellents services en détruisant, pour s'en nourrir, une foule d'insectes et de petits rongeurs tels que les campagnols et les mulots. A ce point de vue les couleuvres méritent protection et non la haine implacable qui leur est généralement vouée.

Louis. — On dit que les serpents fascinent les oiseaux du regard et les attirent dans leur gueule ouverte par la seule puissance de leur haleine pestilentielle. Incapable de résister à cette attraction magique, l'oiseau se précipite de lui-même au fond de l'horrible gosier.

Paul. — Il y a un peu de vrai dans votre observation, mais il y a surtout du faux, fruit de l'imagination populaire qui volontiers met de la sorcellerie dans les mœurs du serpent. D'abord l'haleine d'une couleuvre et d'un serpent quelconque n'a rien de pestilentiel, rien de magiquement attractif, rien de surnaturel. Vous avez tous ici trop de bon sens pour qu'il me soit nécessaire d'insister sur ces contes ridicules. Reste la prétendue fascination exercée sur l'oiseau par le regard dur et fixe du reptile. Tout ce que l'on raconte de merveilleux à cet égard, en réalité se réduit à peu de chose.

Quelques-unes de nos couleuvres sont friandes d'œufs d'oiseaux. Elles grimpent sur les arbres, recherchent les nids et en mangent les œufs quand les mères ne sont pas là pour les défendre. Il est arrivé à plus d'un dénicheur, qui croyait saisir la couvée d'un geai ou d'un merle, de rencontrer sous la main, au fond du nid, le corps froid et enroulé du reptile. J'en ai connus qui, saisis d'horreur à ce contact inattendu, sont tombés à la renverse du haut de l'arbre et se sont cassé les reins. Avis aux autres. Les grosses couleuvres ne se bornent pas aux œufs, elles dévorent aussi les petits oiseaux, même ceux qui sont hors du nid, quand elles peuvent les saisir, ce qui n'est pas heureusement facile. Supposons un oisillon novice surpris à l'improviste par une couleuvre dans le fourré d'un buisson. Le pauvret voit subitement devant lui une gueule affreusement ouverte et des yeux étincelants qui le regardent avec une féroce fixité. Effaré de terreur, l'oiseau perd la tête et ne sait plus fuir ; il bat inutilement des ailes, il crie plaintivement, enfin il se laisse choir de la branche, paralysé, mourant. Le monstre qui le guette le reçoit dans sa gueule.

Le pouvoir fascinateur dont on gratifie les serpents n'est donc en réalité que la faculté d'inspirer a l'oiseau une terreur soudaine, qui paralyse ses moyens de fuite. Nous-mêmes, quand tout à coup se présente un effrayant danger, conservons-nous toujours la présence d'esprit nécessaire pour y faire face; manque-t-il de gens qui s'affollent, ne savent plus ce qu'ils font et aggravent la situation par des actes déraisonnables? Tout le merveilleux de la fascination se réduit là. J'aime à croire que l'oiseau surpris par une couleuvre, a d'habitude le caractère assez ferme pour dominer la première impression de frayeur et prendre la fuite dès qu'il aperçoit à proximité l'horrible gueule du reptile; aussi les embûches paralysantes du serpent n'ont guère chance de réussir qu'avec des oiseaux tout jeunes, sans expérience encore des choses de la vie. Ce qui immobilise de frayeur un innocent oisillon n'émeut guère l'oiseau plus maître de lui-même; ce qui terrifie l'enfant et les personnes à caractère faible, impressionne peu l'homme qui raisonne le danger. Habituez-vous, mes petits amis, à conserver en toute grave circonstance le calme de l'esprit, le coup d'œil lucide de la raison, et vous éviterez pas mal de misères, vous échapperez à pas mal de périls, comme l'oiseau, qui ne perd pas la tête, échappe à la couleuvre embusquée.

Disons maintenant quelques mots de nos principales couleuvres. La plus élégante pour la coloration est la *Couleuvre à collier* (*fig.* 60), ainsi nommée à cause d'une tache d'un jaune pâle ou blanchâtre qui lui forme un demi-collier derrière la nuque. Le dessus du corps est d'un gris-cendré plus ou moins foncé, marqueté de chaque côté de taches noires irrégulières; le dessous est varié de noir, de blanc et de bleuâtre. Cette couleuvre se plaît dans les lieux humides; elle fréquente les eaux dormantes où elle nage habilement pour saisir de petits poissons, des insectes aquatiques, des têtards. Pour ce motif, elle a les noms de *Serpent d'eau* et de *Serpent nageur*.

Elle dépose communément ses œufs dans les couches

Fig. 60. — La Couleuvre à collier.

de fumier, favorables à l'éclosion par leur chaleur naturelle. Ces œufs sont en ovale allongé, à coque flasque semblable à du parchemin mouillé. Leur grosseur est celle des œufs de pie. Ils sont agglutinés en chapelet par une humeur visqueuse. En remuant les tas de fumier, les personnes de la campagne ont fréquemment occasion de trouver sous leurs fourches ces œufs à coque molle dont l'origine leur est inconnue et d'où, à leur grande stupéfaction, il sort de jeunes serpents. Elles prétendent que ce sont des œufs de coq, œufs hors nature, entachés de sorcellerie, procréant des couleuvres au lieu de poulets. Difficilement on leur ôterait de la tête cette folle idée. Quant à vous, mes enfants, s'il vous arrive jamais d'entendre parler d'œufs pondus par les coqs dans les couches de fumier et produisant des serpents, rappelez-vous que ce sont tout simplement des œufs de la couleuvre à collier.

Méfiez-vous encore d'un autre conte qui circule dans nos villages. La même couleuvre, à ce que l'on dit, partagerait, avec quelques autres serpents, l'inclination à s'introduire par la bouche dans le corps des gens dormant sur l'herbe fraîche. Pour débarrasser le patient de cet hôte incommode, il faudrait attirer le serpent dehors par l'odeur du lait chaud. Ce sont là pures niaiseries ; il ne peut prendre fantaisie à aucun animal d'aller se réfugier dans notre estomac, où il serait digéré, réduit en bouillie, comme l'est une simple bouchée de pain.

La *Couleuvre commune*, ou *Couleuvre verte et jaune* habite de préférence les lieux boisés et retirés. Elle a le dos d'une couleur verdâtre très-foncée, avec un grand nombre de raies composées de taches jaunâtres de diverses figures, les unes allongées, les autres en losange et plus grandes vers les côtés que sur le milieu du dos. Le ventre est jaunâtre. Chacune des grandes plaques qui le couvrent est bordée d'une très-petite ligne noire et ornée d'un point noir à l'un et l'autre bout.

La *Couleuvre lisse* ressemble beaucoup à la couleuvre à collier, dont elle diffère surtout par les écailles qui sont unies, lisses, tandis que les écailles de la seconde sont relevées d'une fine arête au milieu. Le dos est bleuâtre, mêlé de roux, et orné de deux rangs de petites taches noirâtres. La pointe de chaque écaille est brune. Les plaques qui revêtent le dessous du corps sont très-polies, luisantes, un peu transparentes, blanchâtres avec des taches rousses. Cette espèce se trouve communément dans les vallons ombragés.

La *Couleuvre vipérine* a quelque ressemblance avec la vipère par sa forme un peu moins élancée que celle des autres couleuvres, et surtout par la série de taches noires formant un zigzag le long de son dos gris-brun. Chaque flanc présente une série de taches plus petites en forme d'œil irrégulier ; le dessous est tacheté en damier de noir et de gris. Les écailles du dos ont une légère crête au milieu. Malgré son nom menaçant de vipérine, cette couleuvre n'a rien du venin de la vipère; elle est absolument inoffensive. Elle fréquente les lieux humides, le bord des mares, tandis que la vipère habite les endroits secs et rocailleux.

Dans le midi de la France, on trouve la *Couleuvre à quatre raies* qui atteint près de deux mètres de longueur. C'est le plus grand des serpents de l'Europe. Elle est fauve sur le dos, avec quatre lignes brunes longitudinales. Elle se tient dans les broussailles des collines sèches.

On rencontre communément dans les prairies ou même dans les foins coupés, un petit serpent qui, par sa structure, s'éloigne des couleuvres. On le nomme *Orvet*. La tête est petite et sans étranglement au cou;

Fig. 61. — L'Orvet.

d'autre part, la queue est obtuse, de sorte que les deux extrémités du corps ont à peu pres même forme et nous laissent un moment indécis pour dire où se trouve la tête. L'orvet est revêtu d'écailles très-lisses et luisantes. Le dos est jaune argenté, et parcouru d'un bout à l'autre par trois filets noirs, qui se changent avec l'âge en séries de points et finissent même par disparaître. Le ventre est noirâtre. Quand on le tracasse, l'orvet se contracte avec force, se raidit et devient cassant presque avec la même facilité que la queue des lézards. On a fait à ce petit serpent une bien mauvaise réputation; on le dit malfaisant par son venin, par son contact, par son regard même. Cette réputation n'est en rien méritée. L'orvet est bien le plus inoffensif des reptiles; il n'essaie pas même de mordre pour sa défense, il se contente de se roidir et de prendre la rigidité d'une baguette de bois. Il vit surtout de scarabées et de vers de terre.

Concluons maintenant. Les vipères à part, aucun de nos serpents n'est venimeux, aucun ne peut nous nuire, aucun ne peut nous mordre d'une façon sérieuse. Les couleuvres ne nous font aucun tort; au contraire, elles nous rendent service en détruisant une foule d'insectes et de petits rongeurs. Surmontons alors une répugnance, une haine sans motifs, et laissons vivre en paix ces auxiliaires.

Respect également aux lézards, agiles chasseurs d'insectes et même de petit gibier à poil de l'ordre des rongeurs Qui ne connaît le petit *Lézard gris*, ami des murailles ensoleillées. Il guette les mouches en passant de plaisir sa fine langue entre les lèvres, il furette d'un trou à l'autre pour happer tout insecte qui passe. C'est le protecteur des espaliers. Lorsque, dans un beau jour de printemps, le soleil éclaire vivement un gazon en pente ou une muraille qui augmente la chaleur en la réfléchissant, on le voit s'étendre sur ce mur ou sur l'herbe nouvelle avec une espèce de volupté. Il se pénètre avec délices de cette chaleur bienfaisante; il marque son plaisir par de molles ondulations de sa queue déliée; il fait briller ses yeux vifs et animés; il se précipite comme un trait pour saisir une petite proie, ou pour trouver un abri plus commode. Bien loin de s'enfuir à l'approche de l'homme, il paraît le regarder avec complaisance; mais au moindre bruit qui l'effraie, à la chute seule d'une feuille, il se roule, tombe et demeure pendant quelques instants comme étourdi par sa chute ; ou bien il s'élance, disparaît, se trouble, revient, se cache de nouveau, reparaît encore, décrit en un instant plusieurs circuits tortueux que l'œil a de la peine à suivre, se replie plusieurs fois sur lui-même et se retire enfin dans quelque asile jusqu'à ce que sa crainte soit dissipée. Utile autant que gracieux, le petit lézard gris se nourrit de mouches, de grillons, de sauterelles, de vers de terre, de presque tous les insectes qui détruisent nos fruits et nos grains ; aussi serait-il avantageux que l'espèce en fût plus multipliée. A mesure que le nombre des lézards gris s'accroîtrait, nous verrions diminuer les ennemis de nos jardins. (Lacépède.)

Le *Lézard vert* si fréquent partout, dans les haies, sur

Fig. 62. — Lézard vert et Lézard gris.

la lisière des bois, dans les fourrés herbus, atteint trois décimètres de longueur. La peau du dos est une élégante broderie de perles vertes, rehaussée de points noirs et de points jaunes. Le lézard court avec agilité, il s'élance au milieu des broussailles et des feuilles sèches avec une soudaineté qui surprend toujours et cause un premier mouvement d'effroi. Il se jette au museau des chiens qui l'attaquent et les mord avec tant d'obstination, qu'il se laisse emporter et même tuer plutôt que de desserrer les dents. Sa morsure d'ailleurs n'a rien de venimeux; elle meurtrit plus ou moins les chairs sans introduire dans la petite plaie aucune espèce de venin. En captivité, il devient très-familier, très-doux, et se laisse manier avec plaisir. Sa nourriture consiste surtout en insectes.

La région des oliviers du midi de la France possède un autre lézard, plus gros, plus robuste, plus lourd et plus trapu que le vulgaire lézard vert. Les Provençaux l'appellent *Rassade*, les savants le nomment *Lézard ocellé*, à cause des points noirs disposés en *ocelles*, c'est-à-dire en espèces de petits anneaux ou d'yeux, sur le fond vert-bleuâtre du dos. Ce lézard habite les pentes arides, exposées à toute la violence du soleil. Il se creuse un profond terrier dans les points sablonneux, d'habitude sous la corniche d'une pierre faisant saillie. Confiant dans ses fortes mâchoires, il est d'une audace qui impose. Non-seulement il se jette au museau des chiens, mais encore il tient tête à l'homme et lui court sus quand il se voit traqué de trop près. Ce courage lui a valu une effrayante réputation parmi les gens de la campagne, qui le croient très-dangereux, plus venimeux même que la vipère.

Or l'oncle Paul, qui connaît la *Rassade* comme le fond de sa poche, qui en a guetté pas mal, des jours entiers, pour étudier leurs mœurs, qui leur a ouvert le ventre pour savoir ce qu'elles mangent, qui leur a examiné attentivement les mâchoires pour se rendre compte de la morsure, qui s'est même laissé mordre pour se former une complète conviction, l'oncle Paul affirme à tous que le redouté lézard ne mérite pas la noire réputation qu'on lui a faite. La *Rassade* n'est venimeuse en aucune manière; elle mord rudement, c'est vrai, elle tenaille la peau saisie, emporte même le morceau, mais sans empoisonner la blessure; en somme elle n'est guère plus à craindre que le lézard vert ordinaire. Sa nourriture consiste en scarabées, en sauterelles, en petits rats des champs; aussi, malgré la frayeur qu'il inspire, je m'empresse de classer le *Lézard ocellé* au nombre des auxiliaires.

XXXV. — Les Batraciens.

PAUL. — J'ai gardé pour la fin le plus laid, le plus misérable : le crapaud. Avec lui se classent les grenouilles et les rainettes, à cause d'une étroite ressemblance de forme, à cause surtout des changements profonds que ces divers animaux subissent pour arriver de l'œuf à l'état adulte. Le langage vulgaire donne indistinctement le nom de reptiles, d'un mot latin signifiant ramper, à la couleuvre et au crapaud, au lézard et à la grenouille, enfin à tous les animaux analogues, à peau nue ou écailleuse, qui sont dépourvus de membres ou sont très-bas de jambes, et rampent sur le ventre. La science fait une distinction judicieuse : elle appelle *Reptiles* la couleuvre, le lézard et les autres qui possèdent une peau écailleuse et sortent de l'œuf avec la forme qu'ils doivent posséder toujours; elle appelle *Batraciens* (1) le crapaud, la grenouille, la rainette et quelques autres, dont la peau est nue et dont la forme première est plus tard remplacée par une structure différente. Les reptiles n'éprouvent pas de métamorphoses, les batraciens y sont tous assujettis. De même que le papillon est d'abord une chenille, si différente d'organisation, de genre de vie, de régime alimentaire, avec l'état parfait, pareillement le crapaud, la grenouille et la rainette débutent par être *Têtards*, qui n'ont rien de la structure et des mœurs finales.

Têtard ou grosse tête, voilà bien le mot convenable pour désigner l'état transitoire des batraciens. Une tête volumineuse, confondue avec le ventre rebondi que termine brusquement une queue plate, telle est la bête en ses débuts. Aucun membre, aucun organe de mouve-

(1) Du grec *Batracos*, grenouille.

ment, si ce n est la queue, qui fouette l'eau pour avancer et sert à la fois de rame et de gouvernail. Les têtards du crapaud sont petits et tout noirs; ceux des grenouilles sont beaucoup plus gros, argentés sous le ventre, grisâtres sur le dos. Tous habitent les eaux dormantes, les mares chauffées par le soleil. A ceux du crapaud, il faut des flaques peu profondes, des ornières avec quelques pouces d'eau pluviale, où ils puissent venir, en noires rangées, s'étendre à plat ventre sur la tiède vase des bords; à ceux des grenouilles il faut de préférence des mares spacieuses, fournies d'une végétation touffue, et propices aux grands plongeons. Ils respirent l'air dissous dans l'eau comme le font les poissons; et comme eux encore, ils périssent s'ils restent un peu de temps exposés hors de l'eau. Sous le rapport de la respiration, ce sont alors de vrais poissons. Mais parvenus à leur forme dernière, les batraciens, au contraire, respirent l'air atmosphérique et périssent suffoqués dans l'eau. Ils ont alors la respiration des animaux aériens. Vous avez vu très-souvent des grenouilles et des crapauds dans l'eau, et vous vous figurez sans doute qu'ils peuvent y vivre indéfiniment. Détrompez-vous : ils ne vont à l'eau que pour déposer leurs œufs, pour se soustraire à un danger, pour prendre un bain en temps des fortes chaleurs; mais ils ne sauraient y séjourner longtemps sans périr. Il faut qu'ils viennent par intervalles humer l'air à la surface, respirer, en mettant dehors au moins l'orifice des narines; s'ils sont de force maintenus sous l'eau, ils meurent. Relativement aux fonctions fondamentales de la vie, voilà une première différence bien profonde entre le têtard et le batracien adulte, entre la larve et l'animal parfait: le têtard vit dans l'eau et périt dans l'air, la grenouille qui en provient, vit dans l'air et périt dans l'eau.

Il y a plus. Le têtard se nourrit exclusivement de matières végétales; il a la bouche armée d'une sorte de petit bec de corne pour brouter les feuilles aquatiques; il a dans son gros ventre un intestin très-long, enroulé plusieurs fois sur lui-même, pour prolonger le séjour de la maigre nourriture dans la panse et en extraire les sucs avares. Le batracien adulte échange ce bec de corne pour de véritables mâchoires armées de rugosités faisant office de dents; il se nourrit uniquement de matières animales, d'insectes surtout; il a l'intestin court parce que les substances dont il s'alimente sont de digestion aisée, et cèdent facilement ce qu'elles contiennent de nutritif.

Pour faire du têtard grenouille ou crapaud, la métamorphose ne se borne pas à changer de fond en comble les organes qui respirent et ceux qui digèrent. D'autres organes naissent, dont l'animal au sortir de l'œuf n'avait pas le moindre vestige; d'autres disparaissent sans laisser de trace. Le têtard naît absolument sans pattes. Au bout de quelque temps, les pattes postérieures lui poussent; plus tard viennent les pattes antérieures; plus tard encore la queue disparaît.

JULES. — Je me rappelle, en effet, avoir vu des têtards les uns avec deux pattes, les autres avec quatre; mais tous avaient la queue.

PAUL. — Lorsque la queue a disparu, l'animal n'est plus têtard, mais petit crapaud ou petite grenouille.

EMILE. — La queue se détache-t-elle toute seule ou bien l'animal se l'arrache-t-il?

PAUL. — Ni l'un, ni l'autre. La queue est chose trop précieuse, pendant le travail de la métamorphose, pour la laisser perdre ainsi sans profit. Il y a là des matériaux en réserve, des économies de substance propre à faire autre chose dans le corps. Lorsque les pattes naissent, lorsque sont reconstruits sur un nouveau plan les organes qui digèrent et les organes qui respirent, ces créations nouvelles, ces retouches profondes, ne s'obtiennent pas avec rien Il faut des matériaux de chair pour l'édifice de la vie, comme il faut des moellons pour l'édifice des maçons. Le têtard mange sans doute pour se fabriquer de la chair et faire face aux dépenses qu'entraîne la transformation; mais ce moyen est lent, aussi pour abréger, la vie démolit parcelle à parcelle les organes inutiles à l'animal futur, et en utilise, pour de nouveaux ouvrages, les matériaux rajeunis par son travail. C'est ainsi que la queue disparaît. Le sang qui circule dans son épaisseur la ronge peu à peu, la dissout au moment opportun, et en emporte ailleurs la substance fluide, qui, de nouveau façonnée en chair et mise en place, entre dans la construction des pattes ou de toute autre partie du corps renouvelé.

Emile. — Quelle économie pour la queue d'un têtard! Il ne faut pas qu'il s'en perde gros comme une tête d'épingle ; cela pourra servir à faire le petit doigt d'une patte.

Paul. — Oui, mon enfant, merveilleuse économie qui ne laisse pas égarer un atome de matière, afin que la Vie, la divine ouvrière, ait constamment à sa disposition la somme intégrale de substance que le Créateur lui a confiée pour des ouvrages toujours détruits et toujours renouvelés.

Je dois maintenant vous avertir que certains batraciens conservent la queue toute leur vie. Telles sont les salamandres, dont une espèce, la *Salamandre terrestre*, est d'une rare hideur (*fig.* 63). Sa forme est un mélange

Fig. 63. — Salamandre terrestre.

de celle du crapaud et de celle du lézard. Elle est toute noire avec de grandes taches d'un jaune vif. Sa taille est

13.

d'un à deux décimètres. Elle se tient dans les trous humides, au voisinage des fontaines; elle mange des insectes et des vers de terre. Malgré son aspect repoussant, c'est une créature inoffensive.

Son têtard (*fig.* 64) respire au moyen de fines houppes qui s'étalent dans l'eau de chaque côté du cou. Ces houppes respiratoires se nomment *branchies;* elles représentent sous une autre forme, les organes respiratoires ou branchies des poissons, placées également de chaque côté du cou, sous l'opercule nommé vulgairement oreille. Les têtards des grenouilles et des crapauds ont, dans les premiers jours, des branchies frangées, flottant librement au dehors; mais elles ne tardent pas à rentrer sous la peau et à devenir invisibles comme celles des poissons.

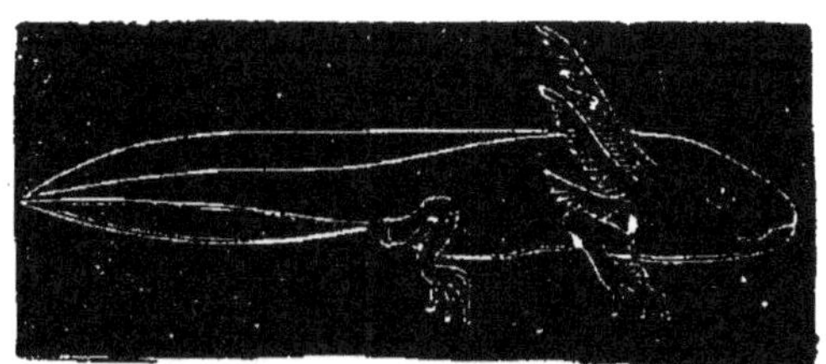

Fig. 64. — Têtard de Salamandre.

Les grenouilles ont des formes élancées et qui ne manquent pas d'une certaine élégance. Leurs pattes postérieures sont très-longues et fortes, éminemment propres au bond, principal mode de progression de ces animaux. Ramassée sur elle-même, la grenouille se détend à la manière d'un ressort, et se projette en avant par un vigoureux élan des cuisses. Les doigts de derrière sont largement palmés, c'est-à-dire réunis par une membrane comme le sont les doigts des oiseaux nageurs, du canard en particulier. Cette disposition des doigts en palette ou rame à grande surface, et d'autre part la souplesse des membres postérieurs, qui se rassemblent contre les flancs puis s'allongent en choquant l'eau, font de la grenouille un habile nageur.

La *Grenouille commune* ou *verte* est tachetée de noir sur un fond vert. Elle a trois raies jaunâtres sur le dos, et le ventre de la même couleur (*fig.* 65). Elle est très-

Fig. 65. — La Grenouille commune.

fréquente sur les bords de toutes les eaux dormantes. C'est elle qui, dans les soirées d'été, remplit les fossés de ses rauques clameurs.

La *Grenouille rousse* est tachetée de noir sur un fond roussâtre. On la reconnaît aisément à la bande noire qui, partant de l'œil, passe au-dessus de l'oreille. Elle habite les lieux frais, les champs humides, les prairies, les buissons. Elle va plus à terre que la précédente et coasse beaucoup moins.

Toutes les deux se nourrissent de proie vivante : larves aquatiques, vers, mouches, insectes, limaçons, sans jamais toucher aux substances végétales; aussi sont-elles aptes à rendre des services dans les jardins.

Les *Rainettes* diffèrent des grenouilles par les pelotes visqueuses qui terminent leurs doigts et leur permettent de grimper sur les arbres, où elles font une chasse assidue aux insectes. Elles se tiennent toute la belle saison dans la feuillée et ne vont à l'eau que pour pondre. Leur voix, renforcée par une poche qui se gonfle sous la gorge, est très-rauque et volumineuse. La rainette de nos pays ou *Rainette commune* est d'un beau vert tendre en dessus, et d'un blanc jaunâtre en dessous.

XXXVI. — Le Crapaud

Paul. — Que dirai-je pour la défense de l'abjecte créature, le crapaud, dont le nom seul soulève le dégoût! Voilà bien le maudit entre les maudits, le réprouvé que chacun tient en abomination. C'est pour nous la laideur vivante, la bête en laquelle toutes les horreurs se sont incarnées. Qu'a-t-il fait, le misérable, pour s'attirer l'universelle réprobation?

Il est laid. Son corps mollasse est un amas informe et comme pétri au hasard; son dos aplati, sale de couleur, est parsemé de pustules livides. Il est laid. Ses pattes trop courtes ne peuvent soulever au-dessus de la vase son ventre boursouflé, qui traîne ignoblement. Il est laid. Sa large tête se fend en une gueule hideuse; des paupières gonflées surmontent de gros yeux saillants, qui révoltent par leur bestiale fixité. Il est laid. Si quelque danger le menace, il se gonfle et se fait sous la peau un matelas d'air qui résiste aux coups par sa flasque élasticité.

Il est venimeux. Accroupi dans la fange au fond de quelque trou obscur, il se pénètre des humeurs malsaines du limon pour élaborer dans les pustules de son dos un venin laiteux, qui suinte et lui humecte le corps au moment du péril. Il est venimeux. Il lance aux yeux des assaillants un liquide corrosif, son urine, qui brûle la vue par son âcreté; il souille l'air par la fétidité de son haleine. Il est venimeux. De sa gueule découle une bave qui empoisonne les herbes et les fruits sur lesquels il passe; sa trace est aussi funeste que son aspect est dégoûtant. Il est laid et venimeux. Guerre donc sans merci à la hideuse bête, qui souille la terre, l'air, les

Fig. 66. — Le Crapaud. Il est laid!..

eaux et même le regard. — Voilà ce que disent les accusateurs du crapaud.

Que dirai-je, à mon tour, pour la défense du misérable? Je dirai la vérité, la simple vérité; et les accusations dont on l'accable se réduiront à néant.

Que le crapaud soit laid, je ne le discuterai pas; permis à chacun d'avoir son opinion à ce sujet. Rappelez-vous seulement notre conversation sur les chauves-souris.

Jules. — Je ne trouve pas le crapaud affreusement laid. Son œil doré est plein de feu; sa voix est douce, presque flûtée, tandis que celle de la grenouille est un détestable coassement; son corps replet n'est certes pas un modèle de grâce, mais enfin il n'est pas sans mérite.

Emile. — Les petits crapauds qui sautillent parmi les joncs au bord des mares, me paraissent grotesquement gentils quand ils font la culbute à chaque bond.

J'en ai pris un dans la main, mais je ne prendrais pas les gros crapauds; ils me font peur.

JULES. — Je ne les prendrais pas davantage, crainte de leur venin.

PAUL. — Le venin, voilà vraiment le côté sérieux de la question, et non la laideur, très-discutable. Le crapaud a la beauté qui lui convient, la beauté du crapaud; et il ne peut en avoir d'autre sans cesser d'être ce qu'il est.

Quand on les irrite, les crapauds transpirent par les verrues dont leur peau est couverte, une humeur épaisse, visqueuse, ayant l'apparence du lait. Ce liquide est de saveur nauséabonde et brûlante, d'une amertume insupportable.

JULES. — On a donc goûté la sueur laiteuse qui découle des pustules du crapaud?

PAUL. — Des savants l'ont goûtée pour nous renseigner sur ses propriétés, comme d'autres ont goûté le venin de la vipère. Ayez en haute estime ces audacieux chercheurs, que rien ne rebute pour accroître nos connaissances et soulager nos misères.

JULES. — Le crapaud qui sue, quand on le tracasse, son liquide laiteux, cherche sans doute à se défendre par ce moyen?

PAUL. — Il espère rebuter les assaillants par son odeur nauséabonde et son goût affreusement amer; mais l'animal ne fait pas d'autre usage de son humeur, qui deviendrait redoutable si le crapaud pouvait l'infiltrer dans le sang de ses ennemis, comme la vipère le fait de son venin, versé dans la plaie par les crochets. Voici quelques expériences faites par les savants dont je vous parlais tantôt.

Une goutte de l'humeur laiteuse des crapauds est introduite avec une pointe d'acier dans les chairs d'un petit oiseau. En quelques minutes, l'oiseau chancelle comme pris d'ivresse, ferme les yeux, bâille et tombe mort.

Emile. — Mort pour tout de bon?

Paul. — Pour tout de bon. — Un chien est traité de la même manière, mais avec une dose plus forte. En moins d'une heure, la bête expire en proie à une ivresse effrayante.

Jules. — C'est donc un horrible venin que cette sueur blanche des crapauds?

Paul. — Des voyageurs assurent que certains Indiens de l'Amérique du Sud empoisonnent la pointe de leurs flèches avec l'humeur laiteuse des crapauds. Ils embrochent à un long bâton une file de ces animaux vivants, qu'ils approchent ensuite du feu pour exciter la transpiration de leurs pustules. Le lait qui suinte est recueilli sur une large feuille. C'est dans ce liquide qu'on trempe la pointe des flèches, dont la piqûre est désormais mortelle.

Jules. — On a donc raison de dire que les crapauds sont venimeux?

Paul. — Oui et non tout à la fois. A l'extérieur, l'humeur des crapauds est sans effet; pour agir comme venin, il faut qu'elle se mélange avec le sang par la voie d'une blessure. Je n'aurais à répéter ici que les détails déjà donnés au sujet du venin de la vipère (1). Mais le crapaud est dépourvu de toute espèce d'arme qui puisse entamer même très-légèrement les chairs; il est donc dans l'impossibilité absolue de nous nuire. Il possède une humeur venineuse, sans avoir la faculté d'en faire usage autrement que pour s'infecter le corps en la transpirant, et rebuter ses ennemis par une odeur et une saveur repoussantes. Sans aucune espèce de danger, vous pouvez manier un crapaud, s'il vous en prend fantaisie; lavez-vous après les mains si l'animal les a infectées de son liquide, et tout sera fini. A moins que la folle idée ne vous vienne de recueillir vous-mêmes l'humeur venimeuse sur la pointe d'un canif, pour vous piquer après jusqu'au

(1) Voyez *les Ravageurs*.

sang avec la lame empoisonnée, je peux hautement affirmer que le crapaud est inoffensif.

JULES. — C'est tout clair, puisqu'il n'a aucun moyen de faire une blessure où l'humeur de ses pustules devrait être introduite pour agir. Mais on parle d'autres venins, de l'urine lancée à distance, de la bave découlant de la gueule.

PAUL. — Il ne découle aucune bave de la bouche du crapaud; il n'est nullement vrai que l'animal empoisonne les fruits et les herbes en salivant dessus. C'est pure calomnie pour noircir la bête détestée.

JULES. — Et l'urine ?

PAUL. — Le crapaud harcelé lance son urine comme moyen de défense, mais pas bien loin; il faudrait avoir la figure presque sur la bête pour recevoir le jet dans les yeux. Si cela arrivait à quelque étourdi, une rougeur passagère des yeux en serait tout au plus le résultat. Du reste personne n'irait s'aviser d'approcher sa figure de la bête répugnante. Il n'y a donc rien à craindre non plus de ce côté.

JULES. — Et l'haleine empestée ?

PAUL. — Encore une calomnie comme celle de la bave. Son haleine n'est pas plus nuisible que celle de tout autre animal. Des accusations qui pèsent sur le crapaud, il ne reste donc rien, ce qui s'appelle rien. L'humeur qu'il transpire au moment du péril pour rebuter ses ennemis, ne peut nuire comme venin puisque l'animal n'a aucun moyen de l'introduire dans une blessure et de la mélanger avec le sang, conditions sans laquelle n'agit pas une substance venimeuse. Le jet de son urine a trop peu de portée et des conséquences si peu graves, qu'il est inutile de s'en préoccuper. Se préoccupe-t-on de l'urine du hérisson qui s'arrose de ce liquide infect quand on le harcelle ? Celle du crapaud, moyen de défense analogue, n'est guère plus à redouter. Les autres griefs, comme l'enflure des mains qui auraient touché la bête, l'air empoisonné par l'haleine, les fruits et les légumes dangereusement infectés par la bave et les traces de l'animal, sont des préjugés de l'imagination populaire, qui s'est complue de tout temps à faire au misérable batracien une réputation détestable.

Le crapaud est inoffensif, mais ce n'est pas assez pour le recommander à notre attention. C'est encore un auxiliaire de grand mérite, un glouton avaleur de cloportes, de limaces, de scarabées, de larves et de toute vermine. Discrètement retiré le jour sous la fraîcheur d'une pierre, dans quelque trou obscur, il quitte sa retraite à la tombée de la nuit pour s'en aller faire sa ronde en se traînant, cahin-caha, sur son gros ventre. Voici une limace qui se hâte vers les laitues, voici une courtilière qui bruit sur le seuil de son terrier, voici un hanneton qui met ses œufs en terre. Le crapaud vient tout doucement, il ouvre sa gueule semblable à l'entrée d'un four, et en trois bouchées les engloutit tous les trois avec un claquement de gosier, signe de satisfaction. Ah ! que c'est bon, que c'est donc bon ! A d'autres ! s'il y en a.

La ronde continue. Quand elle est finie, au petit jour, je vous laisse à penser ce que doit contenir en vermine de toute sorte le spacieux ventre du glouton. Et l'on détruit la précieuse bête, on la tue à coups de pierres sous prétexte de laideur ! Enfants, vous ne commettrez jamais pareille cruauté, sottement nuisible ; vous ne lapiderez pas le crapaud, car vour priveriez les champs d'un vigilant gardien. Laissez-le faire en paix son métier ; il détruira tant d'insectes et de vers, que vous finirez par le trouver moins laid.

Le crapaud est d'une utilité si bien reconnue qu'en Angleterre on en fait commerce. On l'achète au marché, tant par tête ; on l'emporte chez soi avec précaution pour ne pas lui faire du mal ; on lui donne la liberté dans le jardin, ou bien on l'installe dans une serre, palais de cristal où fleurissent les plus merveilleuses plantes. Sa charge est de veiller sur les cloportes, les limaces et autres destructeurs qui pourraient porter la dent sur les précieux végétaux. Il s'en acquitte avec un zèle scrupuleux. Quel changement de fortune pour le maudit lorsqu'au sein d'une tiède atmosphère embaumée de suaves senteurs, il vit parmi les fleurs les plus somptueuses, réunies à grands frais de toutes les parties du monde! Pour achever la réhabilitation du misérable, avec les honneurs de la serre fleurie lui sont venus les honneurs de la poésie, cette fleur de la pensée humaine. Ecoutez ce récit. — Un crapaud, la tête fendue, un œil crevé par les passants, traîne ses plaies dans la boue d'un chemin. Quatre petits garçons surviennent.

. . . . . Les enfants l'aperçurent
Et crièrent : Tuons ce vilain animal,
Et, puisqu'il est si laid, faisons-lui bien du mal!
Et chacun d'eux riant, — l'enfant rit quand il tue, —
Se mit à le piquer d'une branche pointue,
Élargissant le trou de l'œil crevé, blessant
Les blessures, ravis, applaudis du passant;
Car les passants riaient; et l'ombre sépulcrale
Couvrait ce noir martyr qui n'a pas même un râle,
Et le sang, sang affreux, de toutes parts coulait
Sur ce pauvre être ayant pour crime d'être laid.
Il fuyait; il avait une patte arrachée;
Un enfant le frappait d'une pelle ébréchée;
Et chaque coup faisait écumer ce proscrit
Qui, même quand le jour sur sa tête sourit,
Même sous le grand ciel, rampe au fond d'une cave:
Et les enfants disaient: « Est-il méchant! il bave! »
Son front saignait, son œil pendait; dans le genêt
Et la ronce, effroyable à voir, il cheminait;
On eût dit qu'il sortait de quelque affreuse serre;
Oh! la sombre action! empirer la misère!
Ajouter de l'horreur à la difformité!
Disloqué, de cailloux en cailloux cahoté,
Il respirait toujours; sans abri, sans asile,
Il rampait; on eût dit que la mort difficile
Le trouvait si hideux qu'elle le refusait.
Les enfants le voulaient saisir dans un lacet,
Mais il leur échappa, glissant le long des haies;

L'ornière était béante, il y traîna ses plaies
Et s'y plongea, sanglant, brisé, le crâne ouvert,
Sentant quelque fraîcheur dans ce cloaque vert,
Lavant la cruauté de l'homme en cette boue;
Et les enfants, avec le printemps sur la joue,
Blonds, charmants, ne s'étaient jamais tant divertis.
Tous parlaient à la fois, et les grands aux petits
Criaient: « Viens voir! dis donc, Adolphe; dis donc, Pierre
Allons pour l'achever prendre une grosse pierre.
Un des enfants revint, apportant un pavé
Pesant, mais pour le mal aisément soulevé,
Et dit: « Nous allons voir comment cela va faire. » —
Or, en ce même instant, juste à ce point de terre,
Le hasard amenait un chariot très-lourd
Traîné par un vieux âne éclopé, maigre et sourd.
Cet âne harassé, boiteux et lamentable,
Après un jour de marche approchait de l'étable;
Il roulait la charrette et portait un panier;
Chaque pas qu'il faisait semblait l'avant-dernier;
Cette bête marchait, battue, exténuée;
Les coups l'enveloppaient ainsi qu'une nuée;
Il avait dans ses yeux voilés d'une vapeur
Cette stupidité qui peut-être est stupeur.
Et l'ornière était creuse, et si pleine de boue,
Et d'un versant si dur, que chaque tour de roue
Était comme un lugubre et rauque arrachement;
Et l'âne allait geignant et l'ânier blasphémant;
La route descendait et poussait la bourrique.
L'âne songeait, passif, sous le fouet, sous la trique,
Dans une profondeur où l'homme ne va pas.
Les enfants, entendant cette roue et ce pas,
Se tournèrent bruyants et virent la charrette.
« Ne met pas le pavé sur le crapaud. Arrête!
Crièrent-ils. Vois-tu, la voiture descend
Et va passer dessus; c'est bien plus amusant. »
Tous regardaient.

Soudain, avançant dans l'ornière
Où le monstre attendait sa torture dernière,
L'âne vit le crapaud, et triste, — hélas! penché
Sur un plus triste, — lourd, rompu, morne, écorché

Il sembla le flairer avec sa tête basse ;
Ce forçat, ce damné, ce patient, fit grâce ;
Il rassembla sa force éteinte, et, roidissant
Sa chaîne et son licou, sur ses muscles en sang,
Résistant à l'ânier qui lui criait : « Avance ! »
Maîtrisant du fardeau l'affreuse connivence,
Avec sa lassitude acceptant le combat,
Tirant le chariot et soulevant le bât,
Hagard, il détourna la roue inexorable,
Laissant derrière lui vivre ce misérable.
Puis, sous un coup de fouet, il reprit son chemin.
Alors, lâchant la pierre échappée de sa main,
Un des enfants, — celui qui conte cette histoire,
Sous la voûte infinie à la fois bleue et noire,
Entendit une voix qui lui disait : « Sois bon ! »

Victor Hugo.

Je finis ici l'histoire des Auxiliaires en répétant avec le grand poète : Enfants, soyez bons ! Soyez bons, si vous voulez que Dieu vous aime; Soyez bons, pour devenir hommes de nobles cœur. Soyez bons les uns envers les autres, prêtez-vous mutuellement appui. Soyez bons envers les animaux qui nous donnent leur toison, leur force, leur vie ; qui défendent les biens de la terre, les surveillent assidûment pour nous, et dont le plus misérable, le crapaud, demande pour toute récompense un regard compatissant.

FIN.

TABLE DES MATIÈRES

FIN DE LA TABLE.

CORBEIL. Typ. et stér. CRÉTÉ

www.ingramcontent.com/pod-product-compliance
Lightning Source LLC
LaVergne TN
LVHW020557230826
846091LV00002B/509

9782014438147